异质性视角下农户参与流域生态治理行为研究

史恒通　　著

中国财富出版社有限公司

图书在版编目（CIP）数据

异质性视角下农户参与流域生态治理行为研究 / 史恒通著 . —北京：中国财富出版社有限公司，2022.2

ISBN 978 - 7 - 5047 - 7653 - 2

Ⅰ.①异… Ⅱ.①史… Ⅲ.①流域治理—环境综合整治—研究—中国 Ⅳ.①TV882

中国版本图书馆 CIP 数据核字（2022）第 029387 号

策划编辑	于珊珊	**责任编辑**	于珊珊	**版权编辑**	李　洋
责任印制	尚立业	**责任校对**	孙丽丽	**责任发行**	杨　江

出版发行 中国财富出版社有限公司

社　　址	北京市丰台区南四环西路 188 号 5 区 20 楼	**邮政编码**	100070
电　　话	010 - 52227588 转 2098（发行部）		010 - 52227588 转 321（总编室）
	010 - 52227566（24 小时读者服务）		010 - 52227588 转 305（质检部）
网　　址	http：//www.cfpress.com.cn	**排　版**	宝蕾元
经　　销	新华书店	**印　刷**	北京九州迅驰传媒文化有限公司
书　　号	ISBN 978 - 7 - 5047 - 7653 - 2/TV · 0001		
开　　本	710mm×1000mm　1/16	**版　次**	2022 年 5 月第 1 版
印　　张	9	**印　次**	2022 年 5 月第 1 次印刷
字　　数	161 千字	**定　价**	48.00 元

前　言

流域生态治理问题关系到流域生态系统的修复和维护，影响到流域经济、社会和生态的可持续发展，对流域居民的福利改善起到关键作用。本研究立足中国流域生态现状，运用选择实验法，对参与流域生态治理的农户的支付意愿进行测算，从而对流域生态系统服务的非市场价值进行评估；利用入户调查数据，在异质性视角下阐释生态价值认知和社会资本多维度的特征，并在测度各维度指标以及对生态系统服务消费偏好进行异质性检验的基础上，探讨农户参与流域生态治理意愿的影响机理；通过实证研究，构建农户参与流域生态治理行为研究的理论框架、基本原则和保障性政策体系。本研究对于丰富流域生态治理理论基础和提高政策执行效率具有重要意义。

本研究分为五个部分，第一部分为绪论，对应第一章。第一章阐明了研究背景、研究目标、研究意义、国内外研究动态、主要研究内容和研究思路以及研究方法。第二部分为理论部分，对应第二章。第二章在界定相关概念的基础上，阐述了农户参与流域生态治理行为的理论依据，由此构建了农户参与流域生态治理行为理论分析框架。第三部分为现实基础，阐述了国外生态治理模式、中国生态治理进程和中国流域生态治理现状，对应第三章和第四章。第三章还利用文献分析法梳理了英国、美国、巴西的流域生态治理模式和中国西北部的流域治理历史。第四章采用描述性统计分析法对中国流域水资源现状，其他生态环境质量现状及流域生态补偿政策现状进行了介绍和分析。第四部分为农户参与流域生态治理行为及其影响因素分析，对应第五章到第八章。该部分为本研究的核心部分，其中第五章以渭河流域（陕西省内）为例，采用 CVM 方法（条件价值评估法）分析流域居民（更多地泛指农村居民即农户）对流域生态系统服务的支付意愿及其影响因素；第六章以黑河流域（甘肃省内）为例，运用选择实验法研究了农户（消费者）对流域生态系统服务的消费偏好，并在此基础上运用计量模型对农户（消费者）的支付意愿进行了分析测算；第七章仍以渭河流域（陕西省内）为例，采用结构方程模型分析了农民生态价值认知对其参与流域生态治理意愿的影响；第八章以黑河流域（甘肃省内）为例，采用双栏模型分析了社会资本对农民参与流域生态治理行为的影响。第五部分为研究结论与讨论，对应第九章，该部分总结了本研究的主要结论，并针对每一个研究结论展开了讨论，在此基础上，该部分归纳分析了本研究的创新之处，分析了本研究的局限性，并对未来可能展开的研究进行了展望。

本研究是教育部人文社会科学研究青年基金项目（项目编号：20YJC790114）和陕西省创新能力支撑计划软科学研究计划面上项目（项目编号：2020KRM203）的阶段性成果。在此，对本研究的主要参与者表示由衷的感谢。同时，还要对在本研究中给予无私支持帮助和提出宝贵意见的所有专家学者表示感谢！

作　者

2020 年 10 月

目　录

1

第一章　绪论

第一节　研究背景

近年来，随着经济的发展和人类活动的增加，各种生态环境问题频繁出现。为了缓解生态环境压力和解决其所引发的经济社会问题，我国制定和出台了一系列包括天然林资源保护工程、退耕还林工程以及荒漠化防治方案等在内的生态治理政策。我国政府希望通过生态治理政策的实施，使水土流失和荒漠化问题得到缓解，使不稳定的生态环境获得明显改善，从而极大地推动社会福利和社会经济发展。国际社会希望我国的这些努力有助于全球的可持续发展。

国家提出开展生态文明建设以来，进一步加大了流域生态治理政策的实施力度，以面对水资源约束趋紧、水环境污染严重和水生态系统退化的严重形势。这些流域治理政策在一定程度上改善了流域的生态环境，提高了流域的生态系统服务功能，水土流失、洪水泛滥等自然灾害发生频率有所下降的同时，区域经济发展也发生了变化，如坡地耕作减少，当地企业呈现多元化。然而研究表明，我国在解决这些环境问题的过程中，效力需要进一步提升，这表现在，一是在20世纪90年代末曾出现生态灾难的现实信号；二是流域生态治理实施过程中对地方利益考虑不足，执行中监测和评估不到位，生态建设成果需要持续巩固，有效保护率有待进一步提高等。这些问题都显示出我国流域生态治理政策需要进一步完善，需要从内在机理和外界运行环境的层面，建立更加有力的完善途径。

2015年4月，国务院发布《水污染防治行动计划》，该文件列出了关于水污染防治的十条具体要求，并首次强调了公众参与的重要性。2019年1月3日《中共中央　国务院关于坚持农业农村优先发展做好"三农"工作的若干意见》中也提到了"鼓励社会力量积极参与，将农村人居环境整治与发展乡村休闲旅游

1

等有机结合"。理论上，流域生态治理政策的实施是公众对流域生态系统服务的供给过程，而公众对流域生态系统服务的供给是流域公众行为选择的结果。从政策制定信息角度来看，流域生态治理过程需要协同多方利益相关者的意愿，尤其是第三方主体（公众①）的意愿。公众作为水资源配置方案终端的实施者和贯彻者，其对政策的支持程度影响着政策的最终实施效果。

第二节　研究目标和研究意义

一、研究目标

本研究分别运用条件价值评估法（Contingent Valuation Method，CVM）和选择实验法（Choice Experiment，CE）分析农户参与流域生态治理支付意愿的影响因素，并测算农户参与流域生态治理支付意愿，旨在设计能反映区域公众意愿并与区域可持续发展相适应的流域生态治理方案。同时，基于集体行动的逻辑框架，从生态价值认知、社会资本以及农户资源禀赋等方面寻求农户参与流域生态治理行为的影响机理，为我国流域生态治理政策的制定与执行以及相关领域的研究提供实证依据。研究目标具体包括：

（1）测算农户对流域生态系统服务中各生态指标改善的支付意愿，进而得出流域生态治理的非市场价值，并检验农户对流域生态系统服务的偏好异质性。

（2）分别对农户层面的资源禀赋、生态价值认知和社会资本进行概念识别，并设计能够反映农户资源禀赋、生态价值认知和社会资本的不同层次指标或指标组合，描述异质性视角下不同维度农户资源禀赋、生态价值认知和社会资本的表现与特征。

（3）通过生态价值认知、社会资本及生态系统服务的消费偏好对农户参与流域生态治理的支付意愿和参与意愿进行计量分析，考察异质性视角下生态价值认知、社会资本及生态系统服务的消费偏好对农户参与流域生态治理行为的影响

---

① 本章中的"公众"更多地泛指农户。

机理和作用效果。

二、研究意义

基于集体行动的逻辑，极其复杂多变的个体决策行为可以通过突破传统经济学的同质性假设，运用个体异质性来表征。本研究拟从农户异质性视角出发，以流域生态治理过程中农户参与行为为研究对象，对农户参与流域生态治理意愿的影响机理进行深入探索，构建适应农户行为异质性的流域生态治理激励机制，为我国流域生态治理制度创新和生态文明建设的实施提供理论和实证依据。本研究意义在于：

（1）通过在异质性视角下对农户资源禀赋、生态价值认知及社会资本互动关系进行研究，探索其交互作用对农户参与流域生态治理意愿及行为的影响机理，为农户参与流域生态系统服务供给探寻一条切实可行的路径。

（2）通过对农户参与流域生态治理的异质性效应进行分析，解释流域生态治理参与过程中农户行为选择的逻辑，部分填补了我国农户异质性对生态系统服务供给理论影响研究的空白。

（3）在对农户流域生态治理支付意愿及效用变动进行测算的基础上，探究生态制度建设过程中农户效用函数的微观影响机制，对于巩固生态文明建设成果、促进水资源的可持续利用，以及建立连贯的生态建设激励机制等，具有实证参考价值。

第三节　国内外研究动态

一、农户生态治理行为研究现状及动态

农户行为是农民在农业生产、生活中所发生的各种决策行为的总称，包括经营行为、资源利用行为、消费行为等（江永红和马中，2008）。而农户生态治理行为主要是在农户生产经营、资源利用以及生活过程中所发生的对生态环境产生

一定影响的决策行为（史恒通等，2017）。关于农户行为的研究，目前学术界存在三种不同的学说观点：以舒尔茨为代表的农户理性学派认为农户具有充分的经济理性，在投入现代生产要素之前的传统农业中，小农就已经可以对获得的资源进行有效配置，使资源得到充分利用且毫无浪费（Schultz，1964）了；以韦伯为代表的农户非理性学派认为农户并不是理性的经济人，而是具有传统主义心态的个体，他们并不追求利益最大化，只是追求代价最小化（马克斯·韦伯，2009）；以苏联农业经济学家恰亚诺夫为代表的自给小农学派认为当家庭需要得以满足之后，小农就缺乏增加生产投入的动力了，因而小农经济是保守落后、非理性和低效率的。在这种情况下，其最优化选择不取决于成本收益之间的比较，而取决于自身的消费满足与劳动辛苦之间的均衡（A. 恰亚诺夫，1996）。

现有的有关生态治理行为的研究体现在各个领域，包括农业面源污染治理（葛继红和周曙东，2011）、水资源治理（Isoda 等，2014）、农业废弃物处理（赵永清和唐步龙，2007；何可等，2015）、耕地质量保护（李武艳等，2018；冉圆圆等，2018）等。而流域生态治理涉及流域水资源保护、水土保持功能维护、生物多样性保护等多方面生态系统服务功能。

目前，国内外关于流域生态治理行为的研究主要集中在流域生态治理支付意愿和流域生态治理行为的影响因素两个方面。经济学家通过公众对生态系统服务支付意愿的测算来衡量公众效用和福利的变化。从方法上来看，支付意愿的测算方法主要有两种：条件价值评估法（CVM）和选择实验法（CE），两种方法各有其优势和不足。条件价值评估法通过假想市场的构建，可以直接询问消费者对流域生态环境改善的最大支付意愿（Bishop 等，1983）。CVM 最早由 Davis（1963）提出并应用，随后在国外的流域水环境质量、景观、生物多样性保护等方面得到大量应用（Samuelson，1954；Jakobsson 和 Dragun，1996；Loomis 等，2000；Hitzhusen，2007）。虽然 CVM 是目前国内公共物品支付意愿测算和非市场价值评估的主要手段（薛达元，2000；张志强等，2004；徐中民等，2003；梁爽等，2005），但国内关于 CVM 的研究开始较晚，关于 CVM 的问卷设计的具体方法，国内外学术界仍存在一定争议，但它却是非市场价值评估技术中最为重要、应用最为广泛的方法之一。使用 CVM 方法进行非市场价值评估相对简单，其指标、问卷设计和计量模型估计都相对简单，容易实现。但选择实验法在能够对生态系统服务总的非市场价值进行评估的同时，还能够对生态系统服务各生态功能属性进行非市场价值评估，且评估结果可以通过效益转移的方法应用于类似的生态系统服务的非市场价值评估中。最早将 CE 用于自然资源非市场价值评估的是 Adamowicz（1994），由于其具备极强的理论基础（Hanley 等，2006；Morrison 等，2002）和评估结果应用弹性（Morrison 和 Berland，2006；Jiang 等，2005），CE 被经济学家公认为是资源生态价值评估方面最具有前景的方法特别是近年来成为发达国家最重要的资源与环境价值评估方法（秦虎和王菲，2008）。

从已有研究来看，公众参与流域生态治理的决策行为受到物质资本（Dhoyos，2010）、人力资本（杨卫兵等，2015）、生态认知（李青等，2016）、社会资本（史恒通等，2018；Bisung 等，2014）、政府政策和制度（陈红，2008；鲁礼新等，2005）等多重因素的影响。根据不同影响因素的影响方向和显著程度，国内外学者往往也会结合生态治理政策的完善程度提出相应的政策建议。在众多影响因素中，近年来比较受关注的主要是公众异质性的各个方面，包括经济异质性、社会异质性和生态异质性等。

二、农户异质性研究现状及动态

集体行动是一种客观存在的社会现象，是行动个体理性行为的非合作博弈结果。在个体理性选择下，往往会出现个体理性和集体理性不一致、公共产品提供不足的结果，相关学者因此提出诸多模型，如阿罗的"不可能性定理"、萨缪尔森的"搭便车理论"、博弈论中著名的"囚徒困境"、哈丁的"公共地悲剧"等代表性模型。这种集体行动选择理论建立在同质性假设的基础上，忽视了现实生活中的异质性。Olson（1965）最早引入异质性概念来解释集体行动，研究了群体规模和资源禀赋对集体行动的影响，认为集体中个体对于集体物品的兴趣偏好等差异，使得集体物品的自发供给成为可能，而且异质性越大越有利于共享资源供给集体行动的发生。而 Ostrom（1990）认为个体异质性将对共享资源产出造成负面影响：个体特征越接近，合作治理的集体行动越有可能成功。Dayton - Johnson（1999）通过对墨西哥和印度南部灌溉系统的状况进行分析，提出了关于异质性与共享资源产出之间的"U 型曲线"假说，即当异质性中等时，共享资源的产出水平较低，而在异质性很小（所有个体等份额）和完全异质性（由一个个体占有绝大多数甚至所有份额）两种情况下，共享资源的产出水平均达到最高。Olson

（1965）和 Ostrom（1990）关于个体异质性对集体行动影响的观点引起了学者们的兴趣，许多学者试图找到异质性贡献一致的结论，但仍存在很多难题。

国内方面，毛寿龙（2010）认为，受农村经济发展水平的限制、社会资本的制约、"搭便车"行为的影响，农户自主治理能力欠缺并存在合作困境。为了走出农村集体行动困境，学者们对不同的行为主体进行了分析，并给出了解决方案。陈潭和刘建义（2010）通过对典型农村进行考察，提出重构乡村社会资本、实施"有偿"供给、政府财政介入、构建小集团供给模式是走出村庄公共物品供给困境的可能选择。赵晓峰（2007）认为，只有国家力量的强有力介入，才能使农户集体行动从理想走向现实。此外，坚持农户的主体地位，重视声誉等非经济诱因的作用，由农户自愿供给农村社区内的公共物品，会是一个有效的结果（符加林等，2007）。国内对异质性与集体行动关系的研究尚处于起步阶段。彭长生和孟令杰（2007）研究了异质性偏好对集体行动均衡的影响，认为异质性偏好可以很好地解释集体行动中的个体行为，但是由于人们自身存在各种层次的异质性以及不同群体中存在个体间的交互作用，集体行动结果可能存在多重均衡或者均衡不稳定的情况。宋妍等（2009；2007）分别考察了个体偏好差异和个体决策时知识结构的偏差对公共物品自发供给的影响，对"异质性 U 型曲线"假说进行了讨论，但结论仍需进一步验证。近几年，国内学者主要关注经济和社会异质性对农村集体行动的影响（秦国庆和朱玉春，2017；丁冬等，2013）。

三、生态治理激励机制研究现状及动态

激励理论是组织行为学研究的核心问题。激励指通过调动个体积极性、提高个体成员素质、培育良好的组织文化进而达到组织设定的目标。自 20 世纪 50 年代以来，随着马斯洛、麦克利兰、赫兹伯格等一批学者的研究与发展，激励理论已经日渐丰富（王家龙，2005）。

国内对生态治理激励机制的研究多集中于定性的讨论，尤其是对生态治理体系的创新和生态治理模式的讨论。柯水发和赵铁珍（2008）通过深入剖析当前我国农户参与退耕还林工程程度的状况，认为农户目前参与退耕还林的深度和层次水平还有待提高，同时，为了更好地激励农户参与的积极性，他们还从林权安全保障机制、农户自我发展机制、多元补偿激励机制等方面提出了一整套激励农户

参与退耕还林的创新机制体系。郭秀锐和毛显强详细分析了激励生态农业发展的环境经济政策，建立了农户环境经济行为模式，认为应当从财政、金融、产业化和其他配套政策等多角度出发，全面激励农户参与生态农业的积极性，不断促进生态农业发展（郭秀锐和毛显强，2000）。杨明洪（2004）利用博弈理论分析了退耕还林还草工程实施过程中所涉及的各级政府与农户各方面利益的关系，结果表明农户在与中央政府和地方政府博弈的过程中，存在多个纳什均衡点，因此，政府应在诸多方案中选择较高的补偿方式，以此来充分调动农户参与的积极性。赵学平和陆迁（2006）以如何控制农户焚烧秸秆为例，分析了激励农户参与环境保护的行为方式，认为只有向秸秆回收综合利用企业进行补贴、制定合理的补贴标准，才能建立起农户参与秸秆环保处理方式选择的长效激励机制。

国外对生态治理激励机制的研究除了定性的讨论，定量的研究也较为常见。其中，最常见的定量研究就是用行为经济学或实验经济学的方法对生态治理机制的建立或完善进行分析。Falkinger 等（2000）、Swallow 等（2018）依然是通过实验经济学的方法对美国罗得岛州一个小镇的居民进行了调查，并精心设计了当地鸟类生物多样性保护（提高其筑巢成功率）机制。Lastra - Bravo 等（2015）通过荟萃分析的方法对农户参与欧洲生态治理项目行为的影响因素进行了研究，发现农户收入、年龄、受教育程度、生态付费及其他生态治理政策都会影响农户对该生态治理项目的参与，该研究对生态治理项目激励机制的构建和完善具有理论和实践指导意义。

四、相关研究评述

生态治理问题本质上是公共资源物品供给的问题，随着国内外学者研究的推进，从最开始"公地悲剧"和"囚徒困境"模型中政府主导的模式到后来集体行动逻辑的提出，再到后来奥斯特罗姆提出的"自主治理"和"多中心治理"，公众参与的重要性逐渐凸显。现有的关于我国公共物品供给的公众参与行为研究都是从某一个点进行较深入的研究，所以需要把参与主体各方面的异质性综合考虑进研究框架，进行更为深入的研究，探索各异质性之间的关联效应，及其如何综合影响生态环境物品的供给。总体来看，现有研究存在以下几点不足：

第一，在相关研究中，反映流域生态治理多重属性功能和公众支付意愿的非市场价值一直没有得到应有的关注，没有被充分纳入研究及相关政策研究视野，造成流域水资源不同属性功能不能直接进行比较，难以实现市场途径与政策干预途径的有效结合，影响了研究的指导价值。

第二，已有的关于生态治理机制的研究缺乏深层次的理论分析和科学的实证分析。通过文献梳理笔者发现，国内外有关生态治理机制的研究，大都集中于生态治理模式的探讨和生态补偿标准的确定。在国内生态治理模式探讨中较少有人关注以农户参与为主的自主治理模式或是从政府到第三方主体再到农户参与的多中心治理模式。生态补偿标准也大部分是"一刀切"的标准，生态补偿标准应该基于成本和效益双重核算的区间确定，已有研究缺乏基于农户支付意愿测度的生态效益的核算。

第三，已有研究缺乏把农户各方面异质性综合纳入其行为研究的范式分析。为了寻求农户参与生态治理问题的突破点，首先，需要在理论上发掘可能对农户生态治理行为产生影响的微观机理，即农户异质性分析；其次，需要在理论分析的基础上将农户各方面异质性综合纳入其微观行为研究框架，构建一个理论模型；再次，需要通过计量经济学的方法对所构建的理论模型进行实证研究，来验证所构建理论模型的正确性；最后，需要从异质性的视角出发构建一个合理的激励机制，并提出能够解决生态治理问题困境的相应政策建议。

综上所述，国内外并没有把农户理论与激励理论结合起来研究农户的生态治理行为，因此，本研究试图以农户理论为基础，针对流域生态治理的政策体系进行创新设计。本研究为农户参与流域生态治理的激励机制创新设计提供理论和实证支撑，致力于丰富和完善流域生态治理政策。

第四节　主要研究内容和研究思路

一、研究内容

1. 流域生态治理支付意愿测算与农户偏好异质性识别

本研究综合运用价值理论、效用理论与生态学基础理论，结合我国流域生态治理政策，明确典型流域水资源、社会和生态功能属性的具体体现及其相互关系，识别水资源功能属性在流域区段提供的具体产品与服务，在此基础上，在遵循条件价值评估法（CVM）的同时，遵循选择实验法（CE）的理论基础：一是依据水资源生态系统服务变化与公众福利之间的关系，构建 CE 评估指标体系（包括指标类型、指标值及层次）；二是反复运用焦点小组访谈法，完善指标界定及指标层次，充分、准确地表达流域生态治理结果，保证农户可以准确理解；三是按照实验设计方法设计不同指标变化层的调研问卷，并完成典型水资源地的调研、数据收集与补调、数据筛选与整理；四是运用 Mixed Logit 模型，估计典型流域的水资源非市场价值的偏好方程以及支付意愿（边际效用、隐含价格和补偿剩余），分别通过 Mixed Logit 模型和潜类别模型对农户偏好异质性的连续和离散形式进行识别，流域生态治理支付意愿测算与农户偏好异质性识别研究框架如图1−1所示。

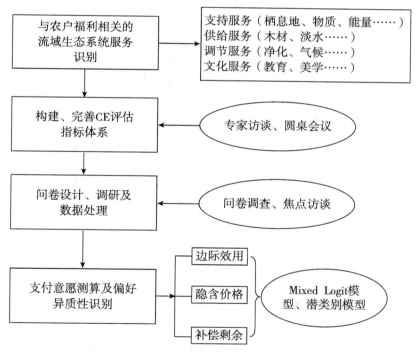

图 1−1　流域生态治理支付意愿测算与农户偏好异质性识别研究框架

2. 农户异质性内涵、特征与测度

选取资源禀赋、生态价值认知和社会资本作为表征农户参与流域生态治理的异质性指标。对资源禀赋、生态价值认知和社会资本相关理论进行全面梳理和归纳，从经济学的角度阐释资源禀赋、生态价值认知和社会资本的内涵、本质和功能。从劳动力、土地、资本和技术四个不同的维度出发，对农户资源禀赋异质性的指标进行测度；从主观规范、行为态度和行为控制三个维度出发，构建表征农户生态价值认知的指标，选择合适的变量，以公众调查资料为基础，对农户生态价值认知进行测度；从社会网络、社会信任、社会声望、社会参与四个不同维度，构建表征农户社会资本的指标，并选择合适的代理变量，构建测度农户社会资本的模型。利用因子分析的方法构建社会资本测度指标，将典型地区的社会资本及社会资本各维度指标进行对比分析，考察不同地区农户社会资本异质性特征，为研究农户生态治理异质性效应和生态治理行为的影响机理奠定基础，农户异质性内涵、特征与测度研究框架如图 1 - 2 所示。

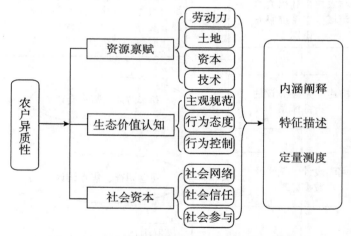

图 1 - 2　农户异质性内涵、特征与测度研究框架

3. 农户参与流域生态治理行为影响机理分析

该部分研究内容是在前两部分研究基础上进一步做深入的影响机理分析。在第一部分支付意愿研究的基础上，本研究认为农户参与流域生态治理行为是一个复杂的过程，可以将该决策过程分为两个方面来识别，即农户的参与意愿和参与程度。这里的参与意愿是指农户参与流域生态治理并用实际行动保护公共水资源

和环境的意愿。按参与意愿可将农户分为两类，即愿意参与流域生态治理的农户和不愿意参与流域生态治理的农户。在识别参与意愿的基础上，参与程度体现的是愿意参与流域生态治理的农户愿意在多大程度上参与流域生态治理这一农村集体行动。

在诸多影响因素中，本研究主要关注集体行动异质性视角下可能会影响农户参与流域生态治理行为的相关因素。除传统经济学所关注的农户资源禀赋以外，该部分研究内容主要关注生态价值认知和社会资本对农户参与流域生态治理行为的影响。根据计划行为理论（Theory of Planned Behaviour，TPB），农户对流域生态治理的生态价值认知受到其主观规范、行为态度和行为控制的共同影响，进而决定了农户参与流域生态治理的意愿。在纳入生态价值认知影响的同时，该部分研究主要考虑在集体行动异质性视角下农户参与流域生态治理意愿的影响机理，故社会资本和偏好异质性是另外两个需要考虑的重要因子（Cragg，1971；Morrison 等，2002）。该部分研究在之前有关生态价值认知和社会资本测算，以及农户偏好异质性识别的基础上，利用双栏模型分析社会资本对农户参与流域生态治理行为的影响，利用结构方程模型（Structural Equation Model，SEM）研究生态价值认知对农户参与流域生态治理行为的影响，农户参与流域生态治理行为影响机理分析研究框架如图1-3所示。

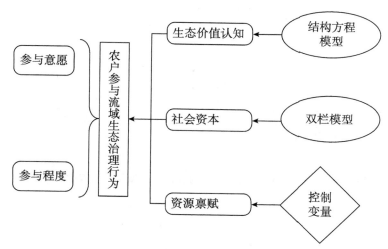

图1-3 农户参与流域生态治理行为影响机理分析研究框架

4. 基于异质性的流域生态治理激励机制构建

立足我国流域生态治理的宏观和微观环境，从国家长远利益出发，围绕流域经济、社会、生态可持续发展的现实要求，在现有组织保障体系基础上，结合前面研究的结论，本研究试图构建具有较强可操作性的流域生态治理机制。特别是从农户异质性的视角出发，该部分研究通过分析和探讨农户参与流域生态治理支付意愿和参与流域生态治理行为，提出基于农户参与的流域生态补偿机制和基于农户异质性的流域生态管理策略体系。本研究针对农户参与流域生态治理过程中存在的问题，首先构建参与流域生态治理的农户的微观数据库，其次考虑我国不同地区的农户参与流域生态治理的适用性和驱动机制差异，对流域生态治理模式进行创新，健全农户参与流域生态补偿机制，最终完善农户参与流域生态治理的政策保障体系，基于异质性视角下的流域生态治理激励机制构建研究框架如图1-4所示。

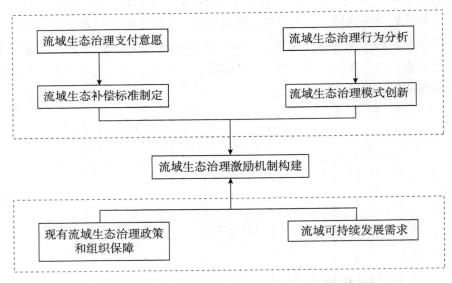

图1-4 基于异质性视角下的流域生态治理激励机制构建研究框架

二、研究思路

本研究在基础研究和实证分析专题研究相结合的基础上设计调查方案，获取研究所需的支撑数据；通过文献分析、统计分析与描述来归纳和提炼出影响农户参与流域生态治理行为的关键变量，并形成有关资源禀赋、生态价值认知与社会资本异质性特征的分析及农户生态系统服务偏好异质性分析；构建计量经济模型，对形成的各种假设进行检验和验证；依据理论和实证研究结果，提出政策建议，构建农户参与流域生态治理的激励机制。本研究的研究技术路线如图 1－5 所示。

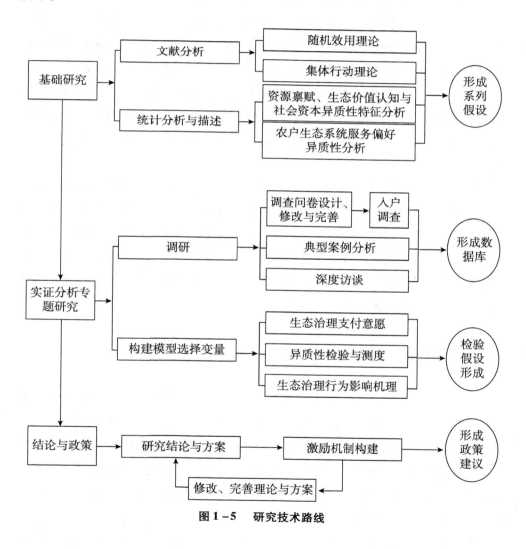

图 1－5　研究技术路线

第五节　研究方法

本研究采用理论与实证相结合的方法进行分析。具体来说，本研究采用的方法包括规范分析法、文献分析法、调查研究法和实证研究法。

规范分析法：本研究界定了生态系统服务的概念，回顾了公共物品、外部性、生态系统服务价值等理论知识，并建立了农户参与流域生态治理行为影响机理分析框架，这奠定了本研究的理论基础，明确了本研究实证的逻辑起点。

文献分析法：本研究具体阐述英国、美国、巴西的生态治理模式以及我国的生态治理进程，并对我国流域生态治理现状进行统计性描述以及指标分析，明确了我国当前农村地区流域生态治理方面的短板，明确了本研究的重要性与必要性。

调查研究法和实证研究法：本研究通过设计问卷并实地调研获取第一手数据。对获得的数据，利用模型进行实证分析，分别深入研究农户对流域生态系统服务的支付意愿、对流域生态系统服务的消费偏好以及生态价值认知和社会资本对于农户参与流域生态治理行为造成的影响。本研究试图通过研究各种影响流域生态治理行为的因素，为我国农村地区提供更有导向性的政策建议，以切实提升我国农村地区的生态治理水平。

一、选择实验模型

本研究立足我国典型流域水资源生态系统现状，利用选择实验法（CE）研究农户对流域生态系统服务的支付意愿及其影响因素。在 CE 规范框架下，本研究以我国典型流域水资源生态系统服务为基础，设计各地调研方案，收集相关资料；通过焦点小组访谈法，与前期调研相结合，对问卷内容和指标描述内容等加以修改、完善；调查员开展正式的入户调查，每次调查结束对调查问卷进行集中检验，并及时录入相关信息建立数据库。

在随机效用理论基础上，拟采用 Mixed Logit 模型（John G. Richardson，1986）将各个变量纳入效用函数方程。在选择情景 t 中，每个被调查者 n 选择离

散的备选项目 j 时的效用函数可以表示为：

$$U_{ntj} = b'x_{ntj} + \eta'_n x_{ntj} + \varepsilon_{ntj} \qquad (式1-1)$$

其中，x_{ntj} 是解释变量的向量，ε_{ntj} 是不可观察项，b' 表示估计的农户的平均水平。η_n 是被调查者 n 的个人偏好与农户平均水平之间的随机偏离，假设非货币变量的 η_n 服从独立正态分布，假设 β_n 是需要预测的随着不同人而变化的系数向量，则 $\beta_n = b + \eta_n$；在选择情景 t 中，被调查者 n 在选择集 J 选择备选项目 j 的可能性为：

$$L_{ntj}(\beta_j/\eta_{ntj}) = \frac{\exp(\beta'_n x_{ntj})}{\sum_j \exp(\beta'_n x_{ntj})} \qquad (式1-2)$$

因此，似然函数可以表示为：

$$LL(\theta) = \sum_n \ln P_n(\theta) \qquad (式1-3)$$

式1-3的积分形式无法实现闭合，因此，积分结果将通过最大化模拟似然函数估计出偏好方程和系数的标准偏离值，使用的软件是 Stata 12.0。

如果消费者异质性表现为离散型，则可以选择潜类别模型对参数进行估计。N 个个体可以分为 S 类，每一类由同质性消费者组成。消费者在选择情景 t 中选择 i 的概率可以表示为：

$$P_{nit} = \sum_{s=1}^{S} \frac{\exp(\beta_s X_{nit})}{\sum_j \exp(\beta_s X_{nit})} R_{ns} \qquad (式1-4)$$

其中，β_s 表示 S 类别的参数向量，R_{ns} 是消费者 n 落入 S 类别的概率。这个概率则表示为：

$$R_{ns} = \frac{\exp(\theta_s Z_n)}{\sum_r \exp(\theta_r Z_n)} \qquad (式1-5)$$

其中，Z_n 表示影响类别成员可观察到的一系列因素，θ_s 表示消费者在 S 类别中的参数向量。

Mixed Logit 模型和潜类别模型分别对应对农户生态系统服务偏好异质性的连续形式和离散形式进行识别。

在 CE 估计的偏好方程基础上，一是通过偏好方程的系数及偏差，获得水资源生态系统服务各个指标的公众边际效用平均水平和公众偏好平均偏离程度；二是依据相关公式，分别估计获得隐含价格（Implicit Price，IP）和补偿剩余

（Compensation Surplus，CS）的公众支付意愿。相关表示如下：

$$IP_j = \frac{\beta_j + \beta_j^u}{\beta_m} \qquad\qquad （式1-6）$$

$$CS = -\frac{1}{\beta_m}(V_0 - V_1) \qquad\qquad （式1-7）$$

其中，IP_j 指 j 生态指标的隐含价格，表示该指标所表达的生态属性改善一个单位的公众平均支付意愿；CS 表示整个配置方案的支付意愿。β_j 表示 j 生态指标在估计的偏好方程中的平均系数值，β_m 是偏好方程中唯一的货币变量平均系数值，β_j^u 是某一生态指标的公众隐含价格的偏离，即 j 生态指标个体与公众平均支付意愿的偏离水平。V_0 和 V_1 分别表示现状的总支付意愿和不同改善方案下的总支付意愿。

二、因子分析

本研究主要采取文献分析法、调查研究法和实证研究法归纳能够反映生态价值认知和社会资本异质性特征的层次指标，应用因子分析构建农户异质性指数，并对调查所得数据进行验证和分析。调查方案设计中，调查对象的选取考虑经济发展和地域文化特点，结合流域的生态系统服务功能属性，按照随机抽样的规则进行合理抽样。其中，针对生态价值认知，主要构建主观规范、行为态度和行为控制三个层次的指标；针对社会资本，主要构建社会网络、社会信任、社会参与三个维度的指标组合。

三、其他计量模型

本研究立足于社会资本和生态价值认知会影响农户决策的事实，分别运用双栏模型、结构方程模型，对农户参与流域生态治理行为影响因素进行研究。在研究社会资本对农户参与流域生态治理行为的影响时，采用双栏模型进行估计，原因在于问卷调查中很可能包含支付意愿为零的样本。支付意愿能否被观察到，取决于农户先前的一个选择过程即支付意愿是否为零，只有支付意愿大于零的样本的支付意愿才能够被观察到。

在研究生态价值认知对农户参与流域生态治理意愿的影响时，拟采用结构方程模型（Structural Equation Model，SEM）进行估计，具体形式如下：

$$\eta = B\eta + \Gamma\xi + \zeta \qquad （式1-8）$$

$$Y = \Lambda_y\eta + \varepsilon \qquad （式1-9）$$

$$X = \Lambda_x\xi + \delta \qquad （式1-10）$$

式中，η 为内生潜变量，表示农户参与流域生态治理的意愿；ξ 为外生潜变量，可以指代农户对参与流域生态治理的主观规范、行为态度和行为控制。通过 B（内生潜变量的系数矩阵）、Γ（外生潜变量的系数矩阵）以及 ζ（未能被解释的部分），结构方程把内生潜变量和外生潜变量联系起来。潜变量可以由观测变量来反映，其中式1-9和式1-10为测量方程，反映潜变量与观测变量之间的一致性关系。其中，X 为外生潜变量 ξ 的观测变量，Y 为内生潜变量 η 的观测变量，Λ_x 为外生潜变量与其观测变量的关联系数矩阵，Λ_y 为内生潜变量与其观测变量的关联系数矩阵，ε、δ 均表示残差项。

第二章　农户参与流域生态治理行为理论依据

本章将针对研究问题，在第一章绪论的基础上，总结归纳农户参与流域生态治理行为的理论依据，进一步结合农户异质性理论，构建农户参与流域生态治理行为的理论分析框架，并在理论分析的基础上提出一系列研究假设，由此对农户参与流域生态治理行为的内外机制进行更为细致的解读。在构建理论分析框架之前，先对一些相关概念进行清晰的界定。

第一节　界定相关概念——生态系统服务

在不同时期、不同的研究框架下，生态系统服务具有不同的定义和分类，在Daily（1997）、Crabbé和Groot等（2000）研究的基础上，目前国际上公认的较为准确的定义是千年生态系统评估（Millennium Ecosystem Assessment，MA）项目提出的。

Daily（1997）首次从生态学角度全面介绍了生态系统服务的概念：生态系统服务是指生态系统与生态过程所形成的和所维持的人类赖以生存的自然环境条件与效用。其将生态系统服务概括为10项内容：缓解干旱和洪水、废物的分解和解毒、更新土壤肥力、植物授粉、农业害虫的控制、稳定局部气候、优化物质生产、缓解气温巨变、支持不同的人类文化传统传承、提供美学和文化娱乐功能。

Crabbé（2000）则主要从经济学角度指出，"生态系统服务"更为全面的叫法是"生态系统的产品与服务"（Ecosystem Goods and Services），指人类直接或者间接地从生态系统的功能当中获得的各种收益。而且，其对全球主要的生态系统进行了分析，提出了17项生态系统功能（气体调节、气候调节、扰

18

动调节、水调节、水供给、控制侵蚀和保持沉积物、土壤形成、养分循环、废物处理、传粉、生物控制、避难所、食物生产、原材料、基因资源、休闲、文化)。

继上述两位较为权威的研究者对生态系统服务进行分类之后，Groot（2000）在此基础上对生态系统提供的服务进行了更加详细的分类，将之分为 4 个大类，23 个小类。而目前国际上更为前沿的分类标准是由联合国环境规划署（UNEP）在 2003 年千年生态系统评估（MA）项目中提出的，即将生态系统服务划分为支持服务、供给服务、调节服务和文化服务四大类，进一步细分为 23 个小类，并将生态系统服务定义为：人类从生态系统功能中以直接或间接的方式所获得的效用，以产生社会福利。

本章对生态系统服务的定义基本遵循 MA 项目的分析框架，且对生态系统服务的特征做如下分析：

（1）生态系统服务具有其固有的生态属性。生态系统服务是生态系统的最终产出，而自然资源的生态系统服务是由多种生态属性组成的，且生态系统功能决定了生态属性的固有本质。例如，水资源具有土壤蓄水和养分循环的生态系统功能，同时决定了水资源供给的生态系统服务。

（2）生态系统服务不等同于生态系统功能。生态系统功能的本质是维持生态系统正常运行的（物理、化学或生物）过程，生态系统功能决定了生态系统的性质和类别，而生态系统服务的本质是生态系统的最终产物，是生态系统功能不断作用形成的。

（3）生态系统服务可以直接或间接地被人类使用，进而对人类的福利变化产生影响。生态系统服务作为生态系统的最终产品可能被人类直接使用，如流域生态系统中可供生产和生活使用的水资源，再如森林生态系统中可供人类直接使用的木材及林下生物；生态系统服务也可能被人类间接使用，如碳固定和碳吸收作为一种生态系统服务，虽然不能被人类直接使用，但通过碳固定可以减少空气中二氧化碳的含量，进而起到调节气候的作用，影响到人类的福利水平变化。

第二节　农户参与流域生态治理行为的理论依据

一、公共物品理论

微观经济学将社会产品划分为两类，即公共物品（public goods）和私人物品（private goods）。萨缪尔森认为前者是用来满足以社会为单位提出的物品或服务需求的，是可以让一群人同时消费的物品，即"社会公共需要"；后者则是用来满足以个人或家庭为单位提出的物品或服务需求的，是在任何时候只能为一个使用者提供效用的物品或服务，即"私人个别需要"。他在 1954 年的经典论文《公共支出的纯理论》（Samuelson，1954）中首次对公共物品的概念进行了界定：个体对该产品的消费不会减少其他消费者对它的消费。公共物品具有两个基本特性：非竞争性和非排他性。非竞争性体现在为一额外消费者提供商品或服务的边际成本为零，也就是说消费者甲对 A 物品的消费不会减少消费者乙对 A 物品的消费或使用。它的内在含义有两点：一是增加一个消费者后，由于增加消费而发生的社会边际成本是零；二是消费者在使用某种相同的公共物品时互不干扰，各人都能完整地享受该物品带来的全部服务。非排他性则表明任何消费者都不会因其对该产品的消费而使其他人员无法消费，即当某物品被提供之后不存在任何一个家庭或个人被排除在消费该物品的对象之外的情况。由于上述两个特性的存在，公共物品的消费往往存在"搭便车"现象。当人们发现无须支付对价也可消费同样商品时，他们倾向于减少支付对价甚至不支付对价来获得公共物品，这不仅会导致供给不足的情况出现，使得最终有人不能够享受公共物品，甚至会出现"公地悲剧"的惨况。

由于公共物品具有非竞争性与非排他性，这使得生产公共物品的私人厂商往往因为消费者对公共物品的免费享用而破产。因此，公共物品的供给方一般由政府充当。这并不表明政府行为可以完全代替市场，且实际情况是政府的单方面行为易导致竞争力与生产效率的低下。为了使得公共物品物尽其用，一般情况下需要由政府、私人厂商合作，以提供公共物品，在引入政府管制的同时应利用好市场激励机制。

公共物品的定价无法通过市场机制来完成。对于公共物品，每一消费者应当只能获得与他人消费量一致的公共物品。在这一行为中，每人从中获取的边际效用又是不同的，这就导致了其对所消费的那部分公共物品的心理评价或支付意愿有差异。为得到一定数量公共物品的总价格，应当对所有消费者的支付意愿进行加总。同样，当对所有消费者各自的需求曲线进行纵向叠加后，可以获得公共物品的总需求曲线。

水资源具有流动性。流域生态系统能够提供一定的生态或经济产品，且其生态效益惠及社会成员。一般而言，流域生态系统所提供的服务没有价格，但产生了现存价值、遗赠价值及非使用价值和社会效益。水资源具有显著的非竞争性与非排他性，可看作一种公共物品。公共物品的产权开放性容易出现对资源普遍滥用的现象。上游地区为保护流域生态需要投入大量资金，使得该地的利益溢出效应明显。下游地区则常常因上游生态保护成为生态效益的无偿受惠者。若此时上游地区在承担巨大生态保护投入的同时不能强制下游地区对其生态环境建设进行支付，则不对称的投入和回报将打击上游地区居民的环保积极性，逐步导致其改变现有身份，即由生态建设者与保护者向流域污染者和环境破坏者转变。为追求更大的经济利益，促进该地区工农业的发展，上游地区或将引入化工行业、钢铁行业等高耗能、高污染产业，这势必威胁到上游地区的流域生态健康进而损害到下游居民的利益。尽管从眼前回报来看，上游地区能够获得较为丰厚的短期利益，但是这一举动对社会长期发展与后代福利是有损害的，最终会导致"公地悲剧"的发生。为了使流域生态系统发挥其最大效用，政府在制定政策时应考虑潜在的"搭便车"行为并努力避免这一现象的产生，对生态保护者给予激励与保护，从而使得边际效应最大化。

二、外部性理论

1890 年，马歇尔在其巨著《经济学原理》（马歇尔，2011）中最早提出了外部性（externality）这一名词，马歇尔将其定义为：外部经济的存在使得产业内厂商的成本曲线下降，从而引起该类型产业的发展与扩张。马歇尔的学生庇古则对外部性理论进行了区分。他认为，外部经济与外部不经济问题的本质在于当甲对乙提供产品或服务时，这一行为活动也对经济中的第三方产生影响。当外部经济或正外部性存在时，这表示经济行为主体甲与乙之间的活动对第三方造成了正面的、积极的影响，但第三方无须支付；当外部不经济或负外部性存在时，这表示社会成员所从事的经济活动对第三方造成了负面的、消极的影响，但第三方无法获得补偿。目前广为认可的外部性体现为生产者或消费者无法获得或无须承担生产或消费某商品的全部效益或成本，即效益与成本不对称的问题。经济出现外部性，表现为一个消费者的福利或一家企业的生产可能直接受到另一位当事人行为的影响。事实上，当存在外部性时，市场机制并没有达到帕累托最优状态，这是外部性出现后的主要问题。部分学者认为，外部性是"市场失灵"的重要表现。庇古认为，政府能够弥补市场在供给公共物品时出现的缺陷。如果政府能够出面解决公共物品的供给问题，则可以在一定程度上克服市场机制存在的弊端。他主张给予私人边际收益小于社会边际收益的部门一定的补贴，而向私人边际成本低于社会边际成本的部门征税，由此缩小私人边际收益（成本）与社会边际收益（成本）之间的差距，并将因此产生的外部性内部化。这一举措即学者们通常所说的"庇古税"政策。

从产权角度出发，科斯认为外部性之所以存在，并不是由"市场失灵"导致的，而是因为冲突双方并未界定明晰的产权使得二者的权力与利益未得到阐明，导致交易障碍的产生。因此，他认为政府干预不是必要的，通过市场交易与自愿协商，市场机制本身就可以解决外部性问题，而政府只需界定并保护产权即可。他表示，为了解决这一问题，交易双方应当事先明确个体是否具有使用自己的财产进行某项活动并产生相应后果的权利。以明晰产权的办法来解决外部性问题，是可以达到社会最佳目标的。这在流域生态补偿中体现为，确定河流上游居民是否有利用水体进行生产生活并有可能对水体造成污染从而危及下游居民的权利。为进一步表明自己的观点，科斯在《社会成本问题》中提出了相应的理论（科斯定理）——当产权明晰且交易费用很小甚至为零时，无论在谈判初期将财产支配权赋予谁，当事人之间经过若干次交易，都会达到市场均衡状态，而这一均衡是有效率的，它将实现资源配置的帕累托最优。或者说，当当事人的偏好及其效用函数表现为准线性时，若经济中出现了外部性，那么经过若干次磋商后会产生一个有效结果，且该结果与所有权的配置没有关系。尽管在实际问题中，科斯定理的运用具有显著成果，但是它也存在一定的不足。事实上，当且仅当某一经济体的市场化程度较高时，科斯定理才能利用市场手段高效解决外部性问题并发挥有利作用。此外，产权界定、市场交易与自愿协商的成本较高，因为用资源交易的方法解决外部性实际上暗含了产权明晰的前提，而使得产权明晰的过程是会产生社会成本的，所以实施难度比较高，自愿谈判的有效性并不是明确的。

这里需要说明的是，外部性具有一些基本特征。一是强制性。经济主体在从事社会活动时对其他主体造成的正面或负面影响都是随机且无法预知的，因此在这一过程中，受到外部性影响的群体是被"强制"要求接受这一后果的。二是隐藏性。由于受外部性影响的群体既无须为自己得到的正效应支付，也无法因受到负效应而得到补偿，因此其利益的增减并不会体现于市场机制之中。三是普遍性。外部性广泛存在于日常生产、生活中，且难以避免。外部性的这些特征使得它大大延缓了资源配置达到帕累托最优状态的进程，生产与消费难以实现效率最大化的目标。

在环境资源的生产与消费过程中产生的外部性有两种类型，一种是因生态环境破坏而形成的外部成本，另一种是随生态环境保护而产生的外部效益。现有研究表明，流域生态系统由于涉及上下游居民双方，上游居民对水体的处置将对下游居民的福利造成一定影响，因此它具有较强的外部性（包括正外部性与负外部性）。将流域生态系统的外部性内部化是相关政策研究的重要目标，管理者可以通过税收等财政措施来实现这一目标，从而阻止利益无关方的参与。

在流域生态环境中，外部性可分为代际之间的外部性与货币外部性。前者指的是当代人的行为会对后代人的生产生活造成影响。生产者希望使自己的净收益的现值最大化，但过度使用环境资源来开展生产生活活动，必然会干扰后代的正常经济行为。处理代际外部性问题，应当坚持可持续发展原则，在该原则下开展相应的生产生活活动，并且在该原则下实现当代人利益的最大化。为避免代际外部性的发生，那些对流域生态进行维护、对流域水质进行恢复的环保行为都应得到相应的补偿。货币外部性指的是生态环境变化会改变生态环境的稀缺程度，进而对环境租金造成影响。货币外部性将在价格中得到体现，它的存在避免了价格机制在资源配置中的失灵，也就体现了生态环境保护的价值，有助于实现环境资源的优化配置。在通常情况下，流域生态补偿相关研究不对货币外部性加以讨论。

三、生态系统服务价值理论

生态系统服务的概念尚不明确，代表定义有：生态系统服务是生态系统与生态过程所形成及所维持的人类赖以生存的自然环境条件与效用，是由自然生态系统及其物种在向人类提供必需的食物、医药、生产原料等资源和生存环境的同时为维持生物多样性而进行的生产。生态系统产品与生态系统服务具有巨大的经济价值；它向人类提供可从中获取的物质与非物质利益，使人类受益于生态系统；生态系统服务的提供者包括自然生态系统及经人类改造的生态系统，其效益包含了给予人类的直接或间接、有形或无形的效用和利益。

根据不同的分类标准，生态系统服务的分类各有差异。比较典型的有：Groot等（2000）将生态系统服务的功能分为调节功能、承载功能、生产功能和信息功能4类。Daily（1997）则将生态系统服务分为生产生活品的提供、生命支持系统的维持及精神生活的享受3类。千年生态系统评估项目的分类受到广泛认可，生态系统服务分类如图2－1所示。

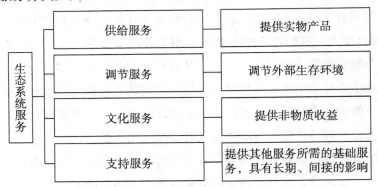

图2－1 生态系统服务分类

资料来源：MA（Millennium Ecosystem Assessment），Ecosystems and Human Well－being：Synthesis，Washington DC：Island Press，2005；张永民：《生态系统服务研究的几个基本问题》，《资源科学》2012年第4期；樊辉：《基于全价值的石羊河流域生态补偿研究》，西北农林科技大学博士学位论文，2016年。

生态系统服务价值（TEV）分为使用价值（UV）和非使用价值（NUV）两类。前者指与生态系统实际使用相关联的经济价值，后者指与使用者当前行为相独立的价值。生态系统服务价值分类如图2－2所示。

使用价值又分为直接使用价值、间接使用价值和选择价值。其中直接使用价

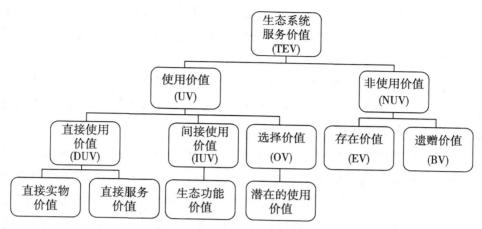

图 2-2　生态系统服务价值分类

资料来源：史恒通：《渭河流域粮食作物虚拟水贸易研究——基于非市场价值的视角》，西北农林科技大学博士学位论文，2016 年。

值（DUV）主要指生态系统现有产品与生态系统服务能被直接利用的价值，或者可被直接计量的价值，例如，工农业生产原料等所具备的价值；间接使用价值（IUV）指无法商品化而必须通过其他生态系统产品与生态系统服务间接获取的价值，例如，维持生物物种多样性、生态平衡、气候调节等所具备的价值；选择价值（OV）指潜在的、能被人类在将来直接或间接使用的生态系统产品或生态系统服务的价值。非使用价值又分为存在价值和遗赠价值。其中存在价值（EV）又称内在价值，是人们对于保持生态系统服务的功能而具有的支付意愿，这一价值介于生态系统服务价值与经济价值之间，是生态系统的固有价值；遗赠价值（BV）表示人们对于保持生态系统服务的功能并将其留给后代使用而产生的支付意愿。

第三节　农户参与流域生态治理行为理论分析框架

从理论上来看，农户参与流域生态治理行为具有集体行动的性质，在监督成本较高的前提下，农户难免会存在"搭便车"的心理，进而造成集体行动的失败，甚至会出现"公地悲剧"现象。从已有研究来看，对农户参与生态治理行为研究的逻辑起点是农户参与生态治理意愿的研究（柯水发和赵铁珍，2008），因此，本研究选取农户参与流域生态治理的参与意愿表征农户参与流域生态治理行为。农户参与流域生态治理的参与意愿可以从以下两个层面来理解：一是农户是否愿意参与到流域生态治理当中来，即可以将所有的农户分为愿意参与和不愿意参与两类；二是农户参与流域生态治理的意愿程度，这里可以用农户对流域生态治理的支付意愿来表征。

支付意愿的研究是基于计量个人福利变化的价值理论的，其理论假设人们对可供选择的物品集具有精确的偏好（包括可在市场上交易的物品和非市场物品）。同时，人们很清楚地知道自己的偏好，这些偏好在该物品集中具有其替代物，如果个人在物品集中某一种物品消费数量减少，就会有其他某种物品消费数量的增加，以使这种变化不会导致个人福利的降低。环境支付意愿是个人在维持其效用水平不变的情况下，愿意为消费一定数量的环境物品而减少的收入，即一定的价格支付意愿。假设个人的效用方程为 $u(x,q)$，其中 x 代表价格为 p 时的私人物品消费量向量集，而 q 代表价格为 w 时的公共物品消费量向量集。根据效用最大化理论，人们在收入约束 y 下的消费偏好满足：

$$\max_{x,q} u(x,q) \, such \, that \, \sum_i p_i x_i + wq \leqslant y \qquad （式 2-1）$$

从式 2-1 可以得到间接效用方程：

$$v(p,q,y) = \max_{x,q} \{ u(x,q) \mid \sum_i p_i x_i + wq \leqslant y \} \qquad （式 2-2）$$

当公共物品消费数量从 q_0 增加到 q_1 时，消费者需要从收入中支付一定的费用来维持其效用不变，即 WTP，则有：

$$v(p,q_0,y) = v(p,q_1,y - WTP) \qquad （式 2-3）$$

效用最大化的另一种表达方式为支出最小化，其表达形式为：

$$e(p,q,u) = \min_{x,q} \{ px + wq \mid u_1(x,q_1) \geqslant u_0(x,q_0) \} \qquad （式 2-4）$$

由此，可以得出 WTP 的计算公式为支出方程的变化：

$$WTP = e(p,q_0,u_0) - e(p,q_1,u_0) \qquad （式 2-5）$$

计划行为理论（Theory of Planned Behavior，TPB）是社会心理学领域最具影响力的行为预测理论之一，在行为科学领域中被广泛运用于解释人的行为动机和意愿以及进行行为预测等，是由 Ajzen（2005）在修正理性行为理论的基础上提出的。根据计划行为理论，行为态度（Attitude toward the Behavior，AB）、主观规范（Subjective Norms，SN）和感知行为控制（Perceived Behavior Control，PBC）三者共同作用，对行为产生影响。基于计划行为理论，结合流域生态治理内涵以及实际情况，本研究拟从行为态度、主观规范、行为控制三个方面来分析生态价值认知对农户参与流域生态治理行为的影响。

农户的社会网络、互惠性规范和由此产生的信任，是农户在社会结构中所处的位置给他们带来的资源。学界普遍认为，以社会网络、社会信任和社会参与等为核心要素的社会资本是破解集体行动困境的关键（Putnam，1994）。不同类型的社会资本对农户参与流域生态治理行为的影响具有较大差异。本研究拟从社会网络、社会信任和社会参与等不同维度通过构建农户社会资本异质性指标，验证农户社会资本对农户参与流域生态治理行为的影响。

另外，由传统经济学理论可知，农户的资源禀赋也可能是影响农户参与流域生态治理行为的关键。因此，本研究拟将表征农户资源禀赋的内容作为外生因素，考察劳动力、土地、技术等因素对农户参与流域生态治理行为的影响。

第四节　本章小结

本章阐释相关理论是为之后章节中的实证研究做技术准备，同时也是为后文的支付意愿分析与异质性视角下流域生态治理行为分析奠定基础。

本章在界定"生态系统服务"这一概念的基础上，回顾了农户参与流域生态治理行为的相关经济学理论（公共物品理论、外部性理论以及生态系统服务价值理论）。本章结合研究目标和研究内容，从理论上分析了农户参与流域生态治理行为理论分析框架，为后文实证章节的研究奠定了基础。

第三章　国外生态治理模式及中国生态治理进程

针对研究问题，本章在前两章理论研究的基础上提出相关的现实背景。一方面，本章总结了国外主要的三种生态治理模式以及在流域治理方面的现状，选取样本为英国、美国、巴西。三个样本具有环保历史长、经济发展快以及资源储备丰富等特点。这些样本的选取具有极强的典型性与普遍性，世界上各国生态治理模式均在不同程度上参考了这几个国家，因此样本具有较高的参考价值。另一方面，本章总结了中国近些年的生态治理政策、生态治理现状及西北部的流域治理历史，为后文政策优化提供了前提背景。

第一节　国外生态治理模式

一、英国生态治理模式

作为最早进行工业化和城市化的国家，英国自由主义经济蓬勃发展，英国政府片面注重经济发展以致忽视了生态治理，使得英国曾面临严重的环境问题：工厂将大量的工业污水和废料直接排入河流造成水体污染，蒸汽机产生的烟尘直接排出造成空气污染。化工行业自身的结构性特征以及燃料的大量使用加之早期民众不良的生活习惯，导致整体环境迅速恶化（布雷恩·威廉·克拉普，2011）。与此同时，城市人口快速聚集，大量生活垃圾随意倾倒，造成了巨大的生态问题（王觉非，1997）。但经过几十年的努力，通过一定程度的治理，现在的英国已经成为全球最宜居的国家之一。这里鸟语花香，蓝天绿草，城市布满了草坪和灌木，农村到处是森林和牧场，人与自然在这里和谐共处。英国的生态治理效果显著，并形成了自身独有的特点。

英国生态治理在制度建设方面和信息公开方面尤为突出。首先，英国广泛采用了环境管理制度，其目的在于激励企业自主进行内部化管理，减少由自身行为造成的外部性影响。早在 1973 年，英国政府便在《公司法改革白皮书》中提及了企业的社会责任（陈瑞杰，2008）。之后，英国政府也逐步落实企业社会责任的具体要求。2000 年，英国政府设立了主管企业社会责任的大臣，并将其纳入司法的范畴。2001 年，英国首次针对社会责任颁布了《企业社会责任政府报告》（刘萌，2013）。2001 年，《企业运作与财务审查法案》通过，法案要求企业提供含有更多信息的财务报告，尤其要包括社会责任落实的信息。2002 年，政府建立了公司责任指数，这种特定指数的出现规范并统一了对环境及社会影响的衡量标准。2003 年，英国政府在一份企业社会责任报告中表明政府希望促进国家在经济、社会及环境三个方面协同发展。这表明英国政府开始逐渐意识到要从整体层面审视国家在环境保护方面存在的短板，因为这些短板可能已经开始阻碍经济社会的发展。2004 年，《企业社会责任国际策略架构草案》政策文件发布，目的在于鞭策企业对自己造成的不利影响负责，并利用企业的正向综合影响力在各自的主导领域内推进可持续发展（王丹和聂元军，2008）。

英国另一个被广泛推崇的做法是环境信息公开。20 世纪 80 年代末期颁布的《环境和安全信息法》赋予了英国民众获取信息的权利，其规定政府部门有义务为民众提供包括环境各项指标在内的大量信息。1999 年，英国颁布了《信息自由法》，这进一步拓展了民众获取相关环境信息的渠道，增强了信息的利用率。政府鼓励企业主动披露有关自身生产过程以及与产品有关的环境保护信息（唐娟和郭少青，2019）。对于企业而言，披露更多环保信息很可能获得更多的关注，也更容易被消费者选择。对于普通民众而言，获得更多的信息有利于其选择更合心意的产品，也有利于其培养绿色的消费习惯。同时，政府大力推动大量社会组织成立，诸如"商界之声""可持续发展委员会""世界未来协会"等。这些社会组织举办了各类宣传活动，有效地使民众及企业意识到生态环境同自身利益或未来发展前景相关（许建萍等，2013）。另外，英国作为老牌的资本主义国家，拥有相对健全的市场机制，因此，除了政策侧重，英国政府还利用税收或者补贴等金融手段来促进市场自发进行一定程度的生态治理调节。2001 年，英国政府开始征收气候税，要求所有用电企业缴纳一定的税收，而完成减排目标的企业能够获得一定的税收减免。同时，政府大力倡导用于技术提升以减少污染的减排基金的成立。2007 年，英国议会在广泛征求意见之后公布《气候变化法案》，鼓励企业注重环境友好型发展（洪富艳，2010）。2007 年，英国上市公司开始被强制要求公开环境保护等方面的信息，这进一步鼓励公司优化自身结构。

众所周知，英国曾经最严重的污染之一就是泰晤士河的污染。从 12 世纪起，英国向河流随意倾倒垃圾的现象就层出不穷。严重的河流污染不但影响了农业、渔业等传统行业的发展，而且影响了相关行业者的收入，还传播了霍乱、伤寒等疾病，影响了普通民众的身体健康甚至威胁人们的生命安全（曹可亮，2019）。英国政府从不同方面采取了相应的措施。1848 年，英国皇家委员会制定了《都市排污法》，这项新的法案规定制造商改进房屋下水道结构，给民众提供更为便捷、清洁的方式以排放生活污水，这从源头上改变了民众的生活习惯和生活方式。1848 年，"大都市排污委员会"成立，其针对排污问题不断提出新的系统设计方案并根据时代发展不断改进方案。在解决了民众排放生活污水的问题之后，解决厂商排放污水的问题成了重中之重。1855 年，《有害物质去除法》颁布，主要对向河流排放污染物的厂商进行严格监督并对违反规定者进行严厉处罚。1876 年，《河流污染防治法》作为纲领性文件发布，其提出了大量具体的针对河流污染的防治措施。1951 年，《河流污染防治法》进一步更新，河流管理委员会开始代替地方政府直接制定排放标准，在更加规范化的同时有效地解决了地方以牺牲生态环境为代价追求当地经济发展的问题。1963 年，《水资源法》界定了水资源的内涵，创建了独立于中央政府的委员会和多个河流管理局（王友列，2016）。进一步地，1973 年，英国政府又提出了《水法》，该法进一步细化规定并提出了未来的战略规划。1974 年，议会通过《污染控制法》，自此开始广泛推行排污许可证制度，英国也成为最早应用排污许可证的国家之一。1975 年之后，英国政府开始不断投资污水处理厂，以提高水质处理的质量和效率，同时对河水采取了充氧等人工措施。此时，由于广受河流污染之苦，大量民众也逐渐意识到了治理污染的必要性，并通过"国家社会科学促进会"等组织参与大量社会性活动，利用影响力改变政府决策的偏好（秦虎和王菲，2008）。

总的来说，英国侧重通过间接的政策从根本上激励民众及企业改变行为。针对普通民众，英国没有采取各项规定直接约束其不良行为，而是通过为其提供更为便捷的生活方式，自然而然地改变其行为。针对企业，英国呼吁企业承担起应有的社会责任，利用信息披露等方式将其在生态环境保护方面的表现同其自身利益联系起来，充分利用企业的逐利性特征促使企业自发改善其环保行为。在流域治理方面，英国采取了兼具刚性和柔性的排污许可证制度，既严格控制了污水排放的总量，又利用市场机制灵活调节了各企业各部门的排污水平。

二、美国生态治理模式

作为当今世界上的超级大国，美国在由轻工业向重工业转型的过程中也曾产生过严重的环境问题。20世纪40年代至50年代，美国发生了多起严重的环境污染事故，给民众带来了大范围的消极影响，也给企业和社会带来了巨大的资金损失。

由于历史、文化以及政治发展模式的特点，美国往往通过国会立法来改进生态治理现状。这样做不但可以强化联邦政府的权威性，而且可以更加严格地约束民众行为。美国执法具有强制性和鼓励性相结合的特点。一方面，政府常常提出具体的排放限制，对违反者处以高额的罚款。另一方面，政府通过教育、技术援助等方式实施了环境保护行政指导，从而鼓励普通民众自觉遵守环境保护要求，同时为企业提供了完成排放目标的路径（邓可祝，2012）。1969年，美国颁布了《国家环境政策法》，这是环境保护方面的纲领性法规，奠定了其环境保护法规体系的基础。随后，美国于1970年颁布了《清洁空气法》。1978年修正完成的《美国教育法》将环保意识纳入教育体系，从而提高了未成年人的环保意识（张维平，1988）。1978年，美国通过了《国家环境政策法实施条例》（CEQ条例），它细化了之前的政策并增加了政策的可操作性。1980年，《综合环境反应、赔偿和责任法》提出了废物处理场所清理程序，规定了补偿责任以及应急制度。1990年，国会为了保护和恢复湿地，通过了《沿海湿地规划、保护及恢复法》，同年通过了《石油污染法》和《清洁空气法》，并将排污权交易纳入修正法案，这些措施不仅利用了较为健全的市场机制来有效降低社会处理污染的总成本，也激励了企业自发进行技术改进及设备更新（陈宗兴和刘燕华，2007）。美国还建立了专门的环境保护执行机构——美国环保署，这个部门的成立使得相关规定能够被广泛监督和严格执行。美国在独立之后不断寻求能够寄托民族特性与独立文化的具象化物质。因此，美国特有的"风景民族主义"应运而生。1872年，黄石国家公园为了保护黄石地区景观而设立，之后多个国家公园的建立也是一种自然保护的手段和一种突出地标式文化的寄托物。也因此美国部分民众在某些时候往往因为出于对民族精神的捍卫而自发地开展环境保护行动（吴保光，2009）。

除了大气污染排放方面有针对性的治理，美国也没有忽视流域治理的问题。美国的母亲河——密西西比河作为世界第四长河，其流域范围总面积超过 300 万平方公里，在美国流经数十个州，早期是美国人民生存和发展的基础，密西西比河也同样经历了一系列严重的污染。早在 1899 年，美国就提出了第一部有针对性的河流保护法律，即《河流与港口法案》。它禁止民众将废弃物抛入特定河流以维持航运发展（姚育胜，2018）。之后，《联邦水污染控制法》于 1948 年初步形成，又分别于 1956 年、1961 年、1965 年进一步进行修正，这表明了联邦政府对控制水污染的重视程度逐步提高。然而，由于法律具体标准和实施路径不明晰，河流整体污染状况并没有得到明显改善（李瑞娟和徐欣，2016）。1972 年，美国政府进一步修正《联邦水污染控制法》并将之更名为《清洁水法》（曾睿，2014）。新推出的法案引入了排污许可证制度，使美国也成为包括英国、瑞典等在内的最早实施排污许可证制度的国家之一。这项举措兼顾了市场和政府，兼具市场灵活性以及政策严格性的优点（石峰和范纹嘉，2015）。众所周知，美国各个州的法律及规章制度在设立和执行方面都有极强的独立性，但是各个州又在一定程度上共享着地表水，因此各个州的协同治理对改善水污染起着举足轻重的作用。州际协同治理协议一直在不断签订，1953 年签署《俄亥俄河谷水卫生协议》，1958 年签署《田纳西河流域水污染控制协议》，1970 年签署《阿肯色流域协议》，1988 年签署《路易斯安那州——密西西比州坦吉帕霍河协议》。同时，由各个州政府联合而成的环保组织逐步形成，诸如"密西西比河上游流域协会"（UMRBA）、"密西西比河上游保护委员会"（UMRCC）、"密西西比河上游供水联盟"（UMRWSC）和"密西西比河下游保护委员会"（LMRCC）等。这些环保组织利用其跨区域的一体性与权威性更高效地行使权力。同时，一些社会组织的形成也推动了水资源治理的进程。这些社会组织包括"路易斯安那环境行动网""明尼苏达州环境宣传中心"和"爱荷华州环境保护协会"等（周金城等，2021）。

总体而言，美国侧重通过立法直接约束个人和企业的行为。具体而言，对于所有民众，首先，通过教育普及环境保护的重要性，呼吁民众自觉自愿遵守相关规章制度。其次，通过法律规定具体的排污目标，并建立特定政府组织来严格约束其行为。最后，对于违反法律者给予极为严格的惩罚。对于污染排放严重的企业，美国官方并没有严苛约束或关停企业，而是为其提供环境保护行政指导，为企业提供优化自身产业的技术援助，以帮助其达到政府设定的环境保护目标（张鹏程，2020）。

三、巴西生态治理模式

除了发达国家，也有发展中国家在生态治理方面取得一定的成效，巴西就是其中尤为突出的一个国家。巴西是南美洲面积最大的国家，拥有世界上面积最大的高原——巴西高原，也拥有世界上面积最大的平原——亚马孙平原。其中，亚马孙平原上的亚马孙雨林对保持世界气候平衡以及生物多样性都做出了巨大的贡献。雨林中有各种动植物，是世界珍贵的物种资源宝库。这种丰富的资源在资本的世界中意味着利润。巴西早期是农业大国，之后又成为矿产资源大国，之后逐步转为进口替代的经济发展模式以增加国内生产。巨大的资源就像一座金矿，吸引着资本蜂拥而至进行资源开采，巴西国内资源一度因此迅速消耗。

1965 年，巴西联邦政府制定了《环境保护法》和《新森林法典》，其中规定农牧场能够用于开发的比例和应当保持的草坪面积，使土地和小型生态圈都能够维持或恢复自己的生态稳定。法规同时要求各城市建设项目必须以保护原有植被的原则为前提。除了联邦政府的规定，各州政府也基于自身地域特点出台了各自的环保法规（陈诚，2020）。1975 年，《濒危野生动植物种国际贸易公约》公布，其在更好地维持了多个食物链共同存在的同时，也维护了生物圈和生态系统的稳定。1981 年，巴西对环境保护方面的政策、目的以及具体措施进行详细的阐述和规定。1989 年，在法令中巴西进一步提出森林保护措施的具体要求。同年，巴西的库里蒂巴市政府还发起垃圾购买运动，鼓励各个家庭进行垃圾分类，这些被分类后的垃圾可以被用来交换食物等生活必需品。这项运动帮助政府大幅度减少了垃圾回收处理费用，也间接补助了普通民众，还帮助农民消耗了剩余产品，提高了其收入。1993 年后，巴西政府进一步对植被开发进行了有条件的限制，从而更好地维持了森林自身的恢复能力。1994 年，《国家森林法规》通过并开始实施。1998 年，《环境犯罪法》也通过。相较于过去，这两项法规更加严格地约束了民众和企业的行为，增加了破坏环境可能产生的机会成本（吴献萍和刘有仁，2018）。2000 年，巴西自然保护区设立，迄今为止，其面积已经达到巴西全国面积的 15%。其中亚马孙部分，自然保护区面积占整体面积的比例甚至超过了 30%。2003 年，巴西政府为民众提供了了解国家环境信息的渠道，也提升了普通民众公共事务的参与感。之后几年内，巴西陆续对森林产品、森林资源及其副产品的开采和出口进行了严格的规定。2007 年，由于财政危机，巴西不得不重新开发森林资源。巴西吸取了之前的教训，没有进行盲目开采，而是对开采过程、开采区域、开采物种等做出了大量细致且严格的规定。同年，巴西"生物多样性保护管理局"成立，由动植物专家进行专业指导可以减少开采对动植物生存状况的负面影响，给各个地区不同的濒危野生动物提供更适宜的生活区。这些有效的保护措施不但维持了当地生态平衡，而且为以后世界物种多样性研究及世界基因库提供了大量的原始样本（焦立超，2019）。除此之外，巴西政府修缮现有路面而非征用土地修路，并随之建立了高效的交通系统。便捷的交通和完善的基础设施促使人们减少使用私家车辆出行。在巴西，即使上下班高峰期等待公共汽车时间都不会太长。即使家中拥有汽车，巴西居民也往往选择公共交通作为日常通勤的方式。

巴西的亚马孙河是世界上流量最大、流域最广、支流最多的河流。亚马孙河终年水量充沛，是人类以及大量动植物的生命之源。对于水资源治理，巴西也一直非常关注。早在 1934 年巴西就出台了《巴西水资源法典》，严格限制了除生活以外对公共用水的使用。1997 年，《国家水资源管理办法》出台。2000 年，"国家水务局"成立，其规定了各机构设置权责以及具体的实施准则。2003 年巴西在新提出的法令中又进一步细化了规定和措施。2005 年，为了严格约束居民及企业行为，政府对于水供给系统质量控制程序及有关概念进行了说明及规定，同时也专门针对居民饮用水质量具体指标进行监测管理。

总的来说，巴西更侧重于实施资源开发控制和环境保护，将尊重自然摆在首位，把普通民众的生活同自然环境更紧密地联系起来，真正做到了人与自然和谐共生，在保持自然生态稳定的前提下进行城市建设。另外，巴西还建立了相关管理机构，防止资源过度开发，以便让生态系统能够维持自身健康、稳定。这也有利于森林、湖泊等大大小小的生态系统维持自身稳定，让被破坏的生物圈恢复自身平衡。

第二节　中国生态治理进程

近年来中国经济蓬勃发展，经济总量位居世界第二，成为世界第一大制造业国家。中国奇迹震惊了世界，但是中国的粗放型发展方式确实对生态环境造成了一定程度的负面影响。因此，近年来中国在各方面尤其是环境治理方面全面深化改革，力图做到经济发展与环境保护协调发展。

一、中国生态治理政策及生态治理现状

20 世纪 60 年代初，中国处于百废待兴的局面，首要任务就是发展经济，提升人民生活水平，因此中国选择发展重工业以快速拉动经济发展，多方利益权衡后在一定程度上放松了环境保护。直到 1971 年，政府机构的名称中才第一次出现"环保"。1973 年，国务院召开了首次全国环境保护会议，会议上通过了《关于保护和改善环境的若干规定》的试行草案，这项草案拉开了中国环境保护事业的序幕。1974 年，"国务院环境保护领导小组"正式成立，也意味着国家开始更加有针对性地处理环保问题。1978 年，中国首次将环境保护写入《中华人民共和国宪法》，将环境保护提升到法治高度（薛巧珍，2020）。1979 年，《中华人民共和国环境保护法（试行）》出台，这是中国第一个综合性的环境保护法律，标志着中国环境保护的法治进程逐步走向了正轨。1982 年，国家机构改革，国务院环境保护领导小组同国家建委、国家城建总局等合并成为城乡建设环境保护部。同年，环境保护被纳入《中华人民共和国国民经济和社会发展第六个五年计划》。1983 年，国务院将环境保护确立为一项基本国策，提出社会效益和环境效益相统一的指导方针。1988 年，国家环境保护局作为国务院直属机构成立。同时，明确了国家环境保护局的基本职能和具体工作任务以及机构组织形态。1992 年，《中国环境与发展十大对策》公布。中国向世界阐述了可持续发展战略的本质和内涵，承诺中国将坚持走可持续发展道路不动摇，并积极倡导世界各国注重可持续发展（青爱，2001）。1994 年，《中国 21 世纪议程》公布，这是全球第一部国家级的新世纪议程，其中着重介绍了中国未来的环境保护目标与实施计划

（王伟中，2012）。1995 年，中国经济体制与经济增长方式出现根本性转变，国家开始重视并着手进行淮河流域的全面生态治理。1996 年，《国务院关于环境保护若干问题的决定》出台，提出保护环境实质上就是保护生产力。"九五"（中华人民共和国国民经济和社会发展第九个五年计划）期间中央提出"总量控制"和"绿色工程"这两项新的重大举措，对环境保护从总体到局部进行控制和管理。2002 年，第五次全国环境保护会议总结了之前的环境保护工作进程，着重指出上一个五年计划中环境保护目标基本完成。会议同时指出环境保护的任务不但需要各个部门的紧密配合，而且需要利用市场自发的力量协同治理。2003 年，《中国 21 世纪初可持续发展行动纲要》的出台给之后的环境保护举措以政策导向。2005 年，随着中国经济总量稳居世界前列，中国碳排放总量也不断攀升。政府提出建设"资源节约型，环境友好型"社会。同年，国务院提出《国务院关于落实科学发展观加强环境保护的决定》，"环境优先"第一次成为政策性要求，中央开始逐步将环境指标纳入经济发展评价体系。这表明中国对于环境保护的态度发生了重大转变，中国开始逐步建立更加完善、高效的环境保护机制，以应对长期潜在的环境问题。2006 年，第六次全国环境保护大会提出了"十一五"（中华人民共和国国民经济和社会发展第十一个五年规划纲要）环境保护的具体目标，提出环境保护工作要加快实现"三个转变"及"四大环境保护任务"。2007 年，中国发布了第一个国家层面上应对气候变化的方案，并且成立了专门研究小组讨论其可行性。权威方案提出后，科技部等 14 个部委围绕该方案印发了《中国应对气候变化科技专项行动》。该文件主要针对中国环境治理基础设施不足以及中国国内气候及环境保护教育方面高端人才缺失的现状，指出要加强基础设施建设，加大国外人才的引进，加大科研资金的投入，在根本上给予国家环境保护治理体系一个有力的支撑。中国将生态治理与社会发展紧密结合，将生态治理融入大众的生活。2009 年，中国政府意识到除了国内各个地区间的协调与联合，中国还要同其他国家协同治理并积极引进国外的技术和人才。伴随全球生态经济文明一体化的时代潮流，中国参加了在丹麦首都哥本哈根召开的《联合国气候变化框架公约》第 15 次缔约方会议。在会议上，中国阐明自身坚定履行义务实现减排目标的立场和主张。中国不仅在全球生态治理上展现了自身的实力、做出了自身的贡献，更向世界展现出了中国应对气候问题的积极态度并有力推动了世界生态治理合作的进程（杨帆，2020）。2010 年，中国协同治理环境保护初见成效，大量工业节能减排项目开始进入世界市场运营。但是，国内环境保护政策体系尚未构建完善。2011 年，印发《中华人民共和国国民经济和社会发展第十二个五年规划纲要》，其中提出了逐步建立碳排放交易市场。同时，基于科斯定理，中国开始利用对产权的控制使市场自发地优化资源配置，推动产业结构性改革。中国七省市开始设立碳排放权交易试点。同年，《万家企业节能低碳行动实施方案》出台，完善了针对企业的激励机制，其针对当前国内大量工厂主要依靠煤作为能源从而导致资源利用率低以及排放污染高的问题，对于不同地区的不同企业做出了具体的规定。

2012 年，中国环境保护事业揭开新的篇章。当生态环境遭破坏导致的全球性后果逐步显现时，中国领导人迅速意识到环境保护的严重性与紧迫性并迅速对国内产业结构及生产方式进行调整。在党的十八大上，习近平总书记为生态文明建设赋予了新的内涵，生态治理也逐渐成为中国着力完成的重点难点任务之一。随着中国产业结构的逐步优化，生态治理效果出现明显成效。这归结于中国政策制度的优越性。中国环境保护政策提出、实施的内在时滞和外在时滞都相对较短。2012—2017 年仅针对碳排放交易市场就出台了 20 余项政策规定，建立了高效、有序、严密的碳交易流程，促进了企业在遵守规则的前提下积极参与市场交易，从而在各个企业降低成本的同时减少了碳排放总量（赵金洋等，2013）。2015 年，中共中央、国务院发布了《中共中央 国务院关于加快推进生态文明建设的意见》，将生态文明建设提升到国家战略地位。国际上，中国同美国联合发布《中美元首气候变化联合声明》，同法国联合发布《中法元首气候变化联合声明》。除了大力加强治理方面的合作，中国更多地强调对发展中国家提供资金和技术支持，以提升当地居民的生活质量，从而推动全球生态治理进程。这说明中国在全球生态治理中具有不可或缺的地位，也充分体现了中国的人文情怀与负责任大国的担当。2015 年，中国向世界承诺将会于 2030 年达到碳排放峰值，这项承诺震惊了国际社会。作为第一个发出承诺的发展中国家，中国展现了自身的魄力，也为其他发展中国家做出了表率。新中国成立初期主要依赖于重工业和轻工业带动国家整体的经济发展，这种粗放型生产方式已经带来了生态治理方面的问题，亟待根本性变革，大量生产带来的污染问题已经开始通过各种渠道影响普通民众的生活。2016 年财政部等七部委联合印发《关于构建绿色金融体系的指导意见》。这一意见的提出，不但为环保、新能源、节能等领域的技术进步提供有力支持，而且创新性地开创了绿色金融体系。绿色金融体系将碳排放同金融工具有力结合，通过碳资产证券化等方式在原有的基础上增加了碳排放的灵活性。2016 年，国务院印发了《"十三五"控制温室气体排放工作方案》，其中具体提出了下一个五年的温室气体排放目标。其实排放目标每降低百分之一，减少排放的难度都将以几何倍数增长。在这样的情况下，中国依旧提高了百分之一的排放目标下降值，即从原来下降 17% 的排放目标调整为下降 18% 。这个排放目标展现了中国对自身减排潜力有依据的自信与大力减排的决心。中国开始启动碳排放达峰计划，给做出的承诺增加了具体实施的可行性与实施路径。虽然碳排放市场已经逐步建立，但是各个地区治理水平、治理效果、治理成本都有所不同，如何将规模经济、外部经济以及边际成本递减应用于污染治理，如何使所有碳排放参与者的状况都有所改进成了非常重要的问题（任宏毅等，2018）。因此，2017 年环境保护部发布了《关于推进环境污染第三方治理的实施意见》，明确了污染治理的归属，构建了第三方治理平台，这一政策与之前的碳排放市场以及排污许可证的结合，推进了污染治理集中程度，从而提高了污染治理的专业化和效率，并降低了污染治理成本。同年，为了保障宏观目标与承诺峰值的可行性，工业和信息化部发布《工业和信息化部关于加快推进环保装备制造业发展的指导意见》，该意见将之前的政策同科技更加紧密地结合起来，又通过提高环保装备制造业行业规范性，予以其资金支持，大力进行相关人才培养等方式，加快环保装备制造业发展进程，有力保障宏观计划得以在微观层面上有效地操作实施。2018 年，国务院印发《打赢蓝天保卫战三年行动计划》，这一计划主要针对大气污染制定了一项三年污染物具体排放的目标指标，更加注重从排放源头上进行控制，分别从企业排放控制、农村清洁能源替代、运输结构优化等重点难点发力，循序渐进地进行生产生活方式的优化。在中国乡村生态治理曾在一段时间内大幅度滞后于城市，加之有风俗习惯以及地理环境等问题制约，导致乡村生态治理的进程一度较为缓慢（刘再明，2019）。政府逐步开始针对乡村生态治理中的短板，在乡村振兴战略中部署了大量具体的行动方案。通过持续发力合理并高效地利用各项资源，为广大农民带来经济效益和环境质量的提升，提高农民的生活水平和幸福感。2018 年，生态环境部、农业农村部针对农村废水排放联合印发了《农业农村污染治理攻坚战行动计划》。2019 年，农业农村部、生态环境部等九部门联合印发了《关于推进农村生活污水治理的指导意见》。2019 年，生态环境部印发

《农村黑臭水体治理工作指南（试行）》。这些文件囊括了对居民行为的规范，对于排放的限制以及对排放技术和排放设备的具体要求，多方面结合形成良性循环的生态治理机制（陈颖等，2019）。同时，相关部门也没有放松对城市的监管。针对城市部分基础设施短板，2018 年，住房和城乡建设部、生态环境部印发出台《城市黑臭水体治理攻坚战实施方案》（林培，2015）。在对城市和乡村分别进行有针对性的生态治理之后，2020 年，政府更加注重各个区域一体化生态治理，中共中央办公厅、国务院办公厅印发了《关于构建现代环境治理体系的指导意见》，财政部、住房和城乡建设部等五部委联合印发《关于完善长江经济带污水处理收费机制有关政策的指导意见》，加强了各个治理主体之间的协同关系，也增强了各个地区生态治理的主观能动性，提升了资源的合理化配置水平。除了污染后进行治理，政府当前也更加注重从排放源头进行控制，2020 年，国家发展改革委等六部委发布了《关于营造更好发展环境支持民营节能环保企业健康发展的实施意见》，希望从根本上促进商业模式创新，利用市场和政府的共同力量，将金融激励和环保工程建设结合起来（樊元生，2020）。

　　总体来说，中国生态治理事业起步相对较晚，也因此能更多地学习别国成功的经验和失败的教训，避免走弯路、走错路。中国在充分分析其他国家的环境治理道路尤其是流域治理方式之后，基于中国现状提出符合中国国情的各项纲要、各类计划和各种方案，在战略部署、目标导向和行动路径等方面增强环保战略的可行性。从宣传教育、人才导向、科技创新等方面优化产业结构。同时，中国也加强构建完备的市场体系，合理利用市场力量良性调节企业排放行为，构建绿色金融体系。中国已充分意识到"先污染，后治理"模式下的弊端，开始构建具有中国特色的"边发展，边治理"的可持续发展道路（吕妹萱，2021）。

二、中国西北部的流域治理历史

　　中国生态治理工作的重点难点是西北地区。作为气候干燥的内陆地区，西北地区为了保护自己的家园也进行了诸多努力。在畜牧方面，中国已经采取了禁牧、休牧、轮牧等措施，使得灌木及草场能有充足的自我恢复时间。在绿化方面，中国积极推广种植沙柳、沙棘等耐旱度高的植物，以有效稳固水土、防止沙化。在流域治理方面，中国更是实施了大量政策措施（张军驰，2012）。

中国古代最著名的陆上贸易通道当属位于中国西北部的丝绸之路。河西走廊作为丝绸之路的要道，也为人所熟知。历史上，河西走廊虽然气候干旱，但是祁连山冰雪融水丰富，造就了当地独特的气候环境，也为西北地区提供了大量的粮食以及各种经济作物。河西走廊被三座山分成了三大内流水系，其均发源于祁连山。其中石羊河水系位于河西走廊的东段（刘海龙等，2014），作为提供商品粮的主要产区，早期常常用外调水以漫灌的形式培育作物，后来逐步改进农作物培育方式，提高了水的利用率。由于石羊河的反复冲刷，该流域下游形成了一片平原，被称作民勤绿洲。历史上，这片绿洲富庶且宜居，但是20世纪以来随着民勤降水量的减少以及气候的干旱当地湖泊断流，土地沙漠化严重。沙进人退成了这里居民的生活常态（陈翔舜等，2014）。这里也成了附近城市沙尘暴的源头。近年来政府极其重视该区域的生态（流域）治理，实行了一系列措施。例如，强制降低工农业的用水定额，以保证绿洲及绿洲人民的正常生活。政府还逐步实行严格举措，诸如实行地下水开采许可制等以控制对地表水和地下水的过度开采，防止水资源流失导致湖泊消亡、地面沉降等现象。同时，当地政府出台了地区之间的协约以协调各地区相互之间的用水问题，多措并举使石羊河水系的流域治理更具有整体性和一致性。当地各部门逐步依据当地的特点因地制宜地细化取水用水的细则，保证各项法律法规的可行性。虽然当地自然环境相对恶劣，但是政府持续加大治理力度，近几年这里的人工造林区域每年都以极高的速度增长，造就了三百余公里的防护林带，这些防护林在稳固水土方面发挥了极大的作用，成为甘肃、西北乃至全国的风沙防护墙（焦继宗，2012）。石羊河流域治理相关政策如图3-1所示。

疏勒河水系位于河西走廊的西段，在敦煌市。这里多高山草地，辅以部分农田，早期疏勒河主要用来灌溉。为了保证月牙泉等湖泊河流的深度，政府开始实行水权制度。之后，开始对河道进行收束恢复，以保证流域内多个小生态系统的稳定（孙栋元等，2017）。

黑河水系位于河西走廊的中部，是中国西北部第二大内流水系，作为西北的天然生态屏障，其重要性不言而喻（贺祥等，2003）。20世纪末期由于环境的恶

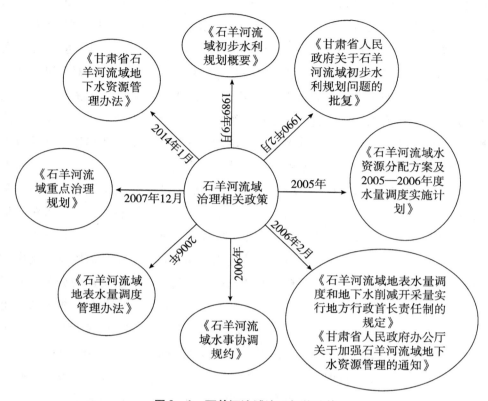

图 3-1 石羊河流域治理相关政策

数据来源：中国甘肃网，http：//www.gscn.com.cn。

化，黑河的下泄水量①急剧减少，导致位于黑河下游的居延绿洲生态环境急剧恶化。大小湖泊、泉眼、沼泽地逐渐消失，地下水位下降。同时下泄水量减少，沙漠增加，沙尘暴危害加剧（江灏等，2009）。早在20世纪90年代，黑河水系的流域状况就引起了政府的重视，在当时，政府处于探索水资源调配方案的初期，政府通过一系列政策措施细化黑河干流水资源的短期分配方案，利用下泄水量作

---

① 下泄水量通俗而言只指水库运行出库水流量，下泄水量指标常用来检测并调整不同时间、不同区域的水流量。在枯水期早期，常常出现水库或发电站为了增加发电量或者增加其他经济效益私自减少下泄水量导致中下游支流断流的现象，影响了中下游生态系统稳定，甚至导致部分水生植物死亡，也影响了下游居民正常的生产和生活。作为相对较为容易量化的指标，下泄水量指标常常被选取作为水资源调配的标准（袁伟，2009）。

为硬性指标，分配不同流域的水资源，增加下游的水量，控制中上游的水量。同时，实施长期的节水措施，从而实现总量提升和每一部分水量使用效率的增加。此后，为了统一管理黑河水系的流域水资源，更好地组织流域内各项工程的实施，水利部成立了黄河水利委员会黑河流域管理局，更专、更精地解决黑河流域的生态问题。2000 年，多项政策报告的出台也表明中央政府正在逐步加强对黑河水系的流域生态保护，也进一步细化了流域水量调度的原则和范围，规定了监督检查的各项要求。随着黑河水系的流域治理的深入，其重要性和相关问题也一步一步显现。不久之后，黑河被纳入西部大开发战略（刘芳芳，2015）。作为重点工程，国家投资张掖地区 14.7 亿元，大力调整经济社会发展布局，并通过基础设施建设以及生产技术改进等方式，执行黑河上游、中游和下游的水资源分配方案。流域整体在总体水量和流量分配上都有明显成效。各地区生态状况逐年改善，但是水土流失等问题依旧存在，国家将视线更多地聚焦于如何维持土地中的水分，从而防止土地沙漠化。生态保护重点也相应地逐渐由水资源的分配转向了如何维持住土地中的水分，在保持农作物生长态势的前提下，优化种植方式，也优化土地质量，同时保持生态稳定性与增加物种多样性。湿地以其含水量高、生物多样性丰富的特点，走入了主流视野。中央政府开始大力推进湿地保护工程，在大力保护已有湿地的同时，尽力恢复转为其他用途的或者是受到自然灾害损害的受损湿地。更加具体、细化的政策逐步出台。其中，对于中游湿地修复与治理项目，具体涉及重建湿地道路、野生动植物救护繁育、土地改良恢复等方面。由于甘肃张掖黑河流域的湿地地域广、质量高，2011 年经国务院批准张掖黑河湿地晋升为国家级自然保护区。之后多个长期项目也陆续开始实施，对当地进行科学系统的规划、科学地完成自然保护的方案、增加动植物物种的多样性起到了促进作用，同时能够大力发展生态旅游项目，形成自然、科技、金融相结合的示范基地，使全国乃至世界看到兼顾经济与绿色的产业发展潜力，从而有力地促进全国生态环保战略的进一步实施（阎仲和武开义，2010）。黑河流域治理相关政策如图 3 - 2 所示。

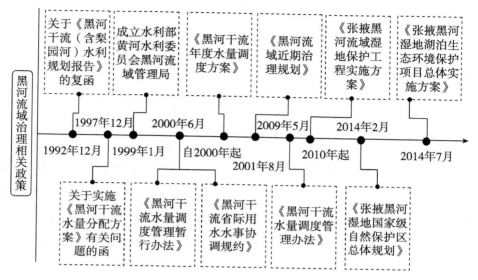

图 3 - 2 黑河流域治理相关政策

数据来源：中国政府网，https：//www.gov.cn，甘肃张掖网，http：//www.gs - zy.com。

第三节 本章小结

　　本章分析了三种国家生态治理模式的特点，同时描述了中国生态治理进程，其中在流域治理的发展过程中重点提及黑河水系的流域治理。本章充分展示了国外生态治理模式的特点以及中国黑河水系的流域治理的特殊性和重要性，为后文提供了研究背景。

第四章　中国流域生态治理现状

流域，指由分水线所包围的河流集水区，分为地面集水区和地下集水区两类。人们平时所称的流域，一般指地面集水区。通常认为中国主要有七大流域，分别是长江流域、黄河流域、珠江流域、松花江流域、淮河流域、海河流域和辽河流域。另外，还有东南诸河流域、西北诸河流域以及西南诸河流域。表4-1列出了2017年中国各大流域水资源情况。2017年中国各大流域水资源总量为28761.3亿立方米，其中地表水资源总量为27746.3亿立方米，地下水资源总量为8309.6亿立方米，全国平均降水量为673.8毫米。总体来看，中国南方水资源量明显比北方充足，2017年，中国长江流域、西南诸河流域、珠江流域、东南诸河流域水资源总量排在全国各大流域水资源总量的前四位（均在1800亿立方米以上），这些流域2017年降水量均超过了1100毫米。北方各大流域中，西北诸河流域2017年水资源总量最大，为1596亿立方米，其次是松花江流域，水资源总量为1267.5亿立方米。

表4-1　　　　　　　　　2017年中国各大流域水资源情况　　　　　　单位：亿立方米

	水资源总量	地表水资源量	地下水资源量	地表水与地下水资源重复量	降水量（毫米）
长江流域	10614.7	10488.7	2606.4	2480.4	1121.8
黄河流域	659.3	552.9	376.7	270.3	488.8
珠江流域	5265.5	5250.5	1158.2	1143.2	1679.5
松花江流域	1267.5	1086	462.2	280.7	451
淮河流域	958.6	699.8	419.2	160.4	874.7
海河流域	272.2	128.3	223.3	79.4	500.3
辽河流域	293.1	220.4	164.8	92.1	459.8

续表

	水资源总量	地表水资源量	地下水资源量	地表水与地下水资源重复量	降水量（毫米）
东南诸河流域	1808.5	1799.3	450.7	441.5	1546.6
西北诸河流域	1596	1494.5	950.5	849	183.3
西南诸河流域	6025.9	6025.9	1497.6	1497.6	1163.7
全国总量	28761.3	27746.3	8309.6	7294.6	8469.5

数据来源：《中国环境统计年鉴（2018）》。

第一节　中国流域用水量现状

2017 年，中国全国用水总量为 6043.4 亿立方米，比 2016 年增加用水量 3.2 亿立方米。图 4-1 展示了 2017 年中国全国用水总量（结构）情况，其中 2017 年中国农业用水总量为 3766.4 亿立方米，用水总量占比最大，约占全国用水总量的 62.3%；工业用水总量为 1277 亿立方米，约占全国用水总量的 21.1%；居民生活用水总量为 838.1 亿立方米，约占全国用水总量的 13.9%；生态环境补水总量占比最小（161.9 亿立方米，2.7%）。

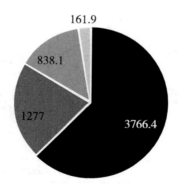

■农业用水总量　■工业用水总量　■居民生活用水总量　■生态环境补水总量

图 4-1　2017 年中国全国用水总量（结构）情况（单位：亿立方米）

数据来源：《中国环境统计年鉴（2018）》。

从各大流域来看，2017 年各大流域用水总量占全国用水总量 10% 以上的流域共有 3 个，其中，长江流域 2017 年用水总量达到了 2060.1 亿立方米，占全国用水总量的 34.1%；珠江流域 2017 年用水总量为 835.8 亿立方米，占全国用水总量的 13.8%；西北诸河流域 2017 年用水总量为 660.9 亿立方米，占全国用水总量的 10.9%。长江流域和珠江流域是中国农业生产中水稻的主产区，也是工业化和人口聚集的重要区域，因此，无论是农业用水、工业用水还是生活用水都占据了全国用水总量相当大的比例。西北诸河流域是中国农业生产中小麦和棉花等作物的主产区，虽然工业用水和生活用水占比较小，但农业用水总量仅次于长江流域，在全国各大流域农业用水总量中排第二位（598.1 亿立方米）。由于受到生态环境破坏的影响，2017 年各大流域生态环境补水总量也较 2016 年有所增加，其中，海河流域 2017 年生态环境补水总量达到了 33.7 亿立方米，在全国各大流域生态环境补水总量中排名第一，其次为西北诸河流域（生态环境补水总量为 25.5 亿立方米）。2017 年全国各大流域用水总量及用水结构如图 4-2 所示。

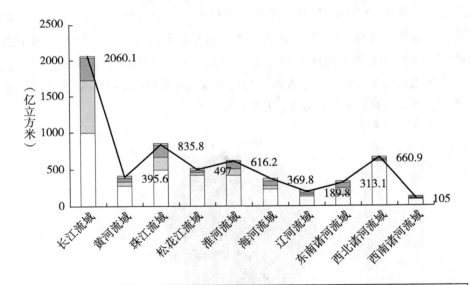

图 4-2　2017 年全国各大流域用水总量及用水结构

数据来源：《中国环境统计年鉴（2018）》。

第二节　中国流域水质现状

　　截至 2018 年 9 月底，全国 2411 家涉及废水排放的经济技术开发区、高新技术产业开发区、出口加工区等工业集聚区，污水集中处理设施建成率达 97%；自动在线监控装置安装完成率达 96%，均比《水污染防治行动计划》（以下简称《水十条》）实施前提高 40 多个百分点，推动 950 余个工业集聚区建成污水集中处理设施，新增废水处理规模 2858 万吨/日。同时推动各地加大了工业集聚区环境治理力度，国家和各省（区、市）共对 136 个有问题的工业集聚区实施了限批并要求限期整改。工业集聚区水污染防治基础设施短板得到有效补齐，《水十条》相关任务取得阶段性成果，有力地支撑了水污染防治攻坚战任务①。

　　总体来看，2017 年，全国地表水 1940 个水质断面（点位）中，Ⅰ～Ⅲ类水质断面（点位）1317 个，占比 67.9%；Ⅳ、Ⅴ类 462 个，占比 23.8%；劣Ⅴ类 161 个，占比 8.3%②。与 2016 年相比，Ⅰ～Ⅲ类水质断面（点位）占比上升 0.1 个百分点，劣Ⅴ类下降 0.3 个百分点。

　　图 4-3 展示了 2017 年七大流域和东南诸河流域、西北诸河流域、西南诸河流域水质状况。2017 年西北诸河流域和西南诸河流域水质为优，所有水质断面中Ⅰ～Ⅲ类水质的比例分别达到了 96.7% 和 95.2%，且均无劣Ⅴ类水质；长江流域、珠江流域和东南诸河流域水质良好，所有水质断面中Ⅰ～Ⅲ类水质的比例均达到 80% 以上（分别为长江流域 84.5%、珠江流域 87.3%、东南诸河流域

---

　　①　https：//www.mee.gov.cn/xxgk2018/xxgk/xxgk15/201811/t20181107_672890.html。

　　②　《地表水环境质量标准》（GB3838-2002）表 1 中除水温、总氮、粪大肠菌群外的 21 项指标依据各类标准限值分别评价各项指标水质类别，然后按照单因子方法取水质类别最高者作为断面水质类别。Ⅰ、Ⅱ类水质可用于集中式生活饮用水地表水源地一级保护区、珍稀水生生物栖息地、鱼虾类产卵场、仔稚幼鱼的索饵场等；Ⅲ类水质可用于集中式生活饮用水地表水源地二级保护区、鱼虾类越冬场、洄游通道、水产养殖等渔业水域及游泳区；Ⅳ类水质适用于一般工业用水区和人体非直接接触的娱乐用水区；Ⅴ类水质适用于农业用水区及一般景观要求水域；劣Ⅴ类水质除调节局部气候外，几乎无使用功能。数据来源为《（2017）中国生态环境状况公报》（后同）。

88.8%）；黄河流域、松花江流域、淮河流域以及辽河流域水质为轻度污染。其中，黄河流域137个水质断面中Ⅰ~Ⅲ类水质的比例为57.7%，主要污染指标为化学需氧量、氨氮和总磷；松花江流域108个水质断面中Ⅰ~Ⅲ类水质的比例为68.5%，主要污染指标为化学需氧量、高锰酸盐指数和氨氮；淮河流域180个水质断面中Ⅰ~Ⅲ类水质的比例为46.1%，主要污染指标为化学需氧量、总磷和氟化物；辽河流域106个水质断面中Ⅰ~Ⅲ类水质的比例为49%，主要污染指标为总磷、化学需氧量和五日生化需氧量；海河流域水质为中度污染，161个水质断面中Ⅰ~Ⅲ类水质的比例仅为41.7%，且劣Ⅴ类水质比例达到了32.9%，主要污染指标为化学需氧量、五日生化需氧量和总磷。

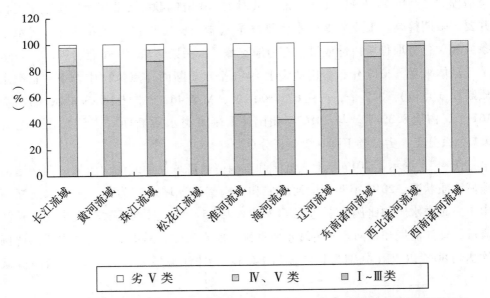

图4-3 2017年七大流域和东南诸河流域、西北诸河流域、西南诸河流域水质状况
数据来源：《（2017）中国生态环境状况公报》。

第三节 中国流域节水灌溉现状

流域灌溉情况能够体现出一个流域水资源利用的整体情况和使用效率，尤其是节水灌溉技术的使用，能够以最低限度的用水量获得最大的产量或收益，节水灌溉技术主要有渠道防渗、低压管灌、喷灌、滴灌、微灌等，其中，在中国大面积推广并应用的主要是喷灌、滴灌、微灌和低压管灌。

图4-4展示了2017年各大流域节水灌溉总面积和主要几种节水灌溉技术的应用面积。从节水灌溉总面积来看，2017年长江流域、淮河流域和海河流域的节水灌溉总面积均达到了5000千公顷以上，分别为5779.2千公顷、5571.2千公顷和5364.9千公顷，西北诸河的节水灌溉总面积接近5000千公顷（4779.7千公顷），其他流域的节水灌溉总面积相对较小。从不同的节水灌溉技术来看，2017年各大流域中，滴灌技术应用面积最广的为松花江流域（2260.7千公顷），微灌技术应用最广的为西北诸河流域（3786.6千公顷），低压管灌技术应用最广的为海河流域（3943.3千公顷）。由于中国南方的几大流域（珠江流域、东南诸河流域以及西南诸河流域）年均降水量较大，所以较少应用节水灌溉技术。

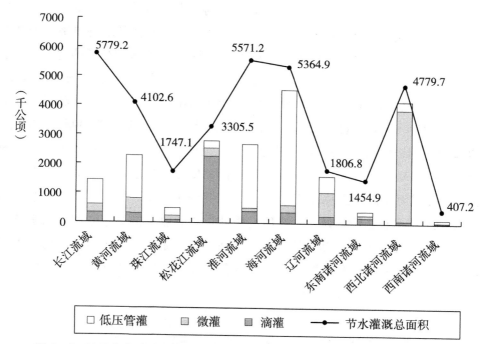

图4-4　2017年各大流域节水灌溉总面积和主要几种节水灌溉技术的应用面积
数据来源：《中国环境统计年鉴（2018）》。

第四节 中国其他生态环境质量现状

一、生态环境总体质量

依据《生态环境状况评价技术规范》（HJ 192—2015），生态环境部对全国2591 个县域生态环境总体质量进行了评价，并依据生态环境状况指数确定相应的生态环境质量等级。生态环境状况指数大于或等于 75 生态环境为优，具体状况是植被覆盖度高，生物多样性丰富，生态系统稳定；生态环境状况指数在55 ~ 75 生态环境为良，具体状况是植被覆盖度较高，生物多样性较丰富，适合人类生活；生态环境状况指数在 35 ~ 55 生态环境为一般，具体状况是植被覆盖度中等，生物多样性一般水平，较适合人类生活，但有不适合人类生活的制约性因子出现；生态环境状况指数在 20 ~ 35 生态环境为较差，具体状况是植被覆盖较差，严重干旱少雨，物种较少，存在明显限制人类生活的因素；生态环境状况指数小于 20 生态环境为差，具体状况是环境条件较恶劣，人类生活受到限制。2016 年，全国 2591 个县域中，生态环境质量为"优""良""一般""较差"和"差"的县域分别有 534 个、924 个、766 个、341 个和 26 个。生态环境质量为"优"和"良"的县域面积占国土总面积的 42%，主要分布在秦岭—淮河以南及东北的大、小兴安岭和长白山地区；生态环境质量为"一般"的县域面积占国土总面积的 24.5%，主要分布在华北平原、黄淮海平原、东北平原中西部和内蒙古中部；生态环境质量为"较差"和"差"的县域面积占国土总面积的 33.5%，主要分布在内蒙古西部、甘肃中西部等地。

二、生物多样性

流域生态系统服务中一项重要的功能就是提供流域生物多样性。生物多样性可以分为遗传多样性、物种多样性和生态系统多样性三个组成部分。

在遗传多样性方面，截至 2017 年年底，中国共有栽培作物 528 类 1339 个栽培种，经济树种有 1000 种以上，中国原产的观赏植物种类达 7000 种，家养动物 576 个品种。

在物种多样性方面，截至 2017 年年底，中国已知物种及种下单元数 92301 种。其中，动物界 38631 种、植物界 44041 种、细菌界 469 种、色素界 2239 种、真菌界 4273 种、原生动物界 1843 种、病毒 805 种。列入国家重点保护野生动物名录的珍稀濒危野生动物共 420 种，大熊猫、朱鹮、金丝猴、华南虎、扬子鳄等数百种动物为中国所特有。

在生态系统多样性方面，截至 2017 年年底，中国具有地球陆地生态系统的各种类型，其中森林 212 类、竹林 36 类、灌丛 113 类、草甸 77 类、荒漠 52 类。淡水生态系统复杂，自然湿地有沼泽湿地、近海与海岸湿地、河滨湿地、湖泊湿地四大类。近海海域分布着滨海湿地、红树林、珊瑚礁、河口、海湾、潟湖、岛屿、上升流、海草床等典型海洋生态系统，以及海底古森林、海蚀与海积地貌等自然景观和自然遗迹，还有农田生态系统、人工林生态系统、人工湿地生态系统、人工草地生态系统和城市生态系统等人工生态系统。

三、自然保护区

截至 2017 年年底，中国共建立各种类型、不同级别的自然保护区 2750 个（国家级自然保护区 463 个），总面积 147.17 万平方千米（国家级自然保护区面积 97.45 万平方千米）。其中，自然保护区陆域面积 142.70 万平方千米，占陆域国土总面积的 14.86%。

图 4-5 展示了 2017 年中国不同类型自然保护区数量和面积情况。从自然保护区数量来看，在 9 种不同类型的自然保护区中，森林生态自然保护区数量最多，达到了 1434 个，荒漠生态自然保护区数量最少，只有 31 个；从自然保护区面积来看，在 9 种不同类型的自然保护区中，荒漠生态自然保护区面积最大，达到了 40054288 公顷，古生物遗迹自然保护区面积最小，只有 549557 公顷。

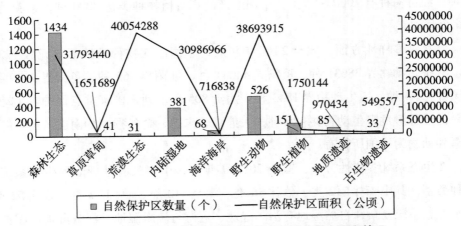

图 4-5   2017 年中国不同类型自然保护区数量和面积情况

数据来源：《（2017）中国生态环境状况公报》。

第五节   中国流域生态补偿政策现状

生态补偿指的是以激励方式使人们维护生态系统服务，解决因市场机制失灵造成的生态效益的外部性，维护社会发展的公平性，达到环保目标。生态补偿是政府关注的、有关维护国家生态安全、加强环境保护与改善民生的重要问题之一。2010 年在"生态补偿立法与流域生态补偿"国际研讨会上，国家发展和改革委员会提出了《生态补偿条例》的框架，其中提到"生态补偿是指国家、各级人民政府以及其他生态受益者给予生态保护建设者因其保护生态的投入或失去可能的发展机会而进行的补偿"。

中国在流域生态补偿方面的工作可从多角度进行落实。在政策法律方面，国务院早在 1996 年就颁布了《国务院关于环境保护若干问题的决定》，该文件第一次明确指出"污染者付费、利用者补偿、开发者保护、破坏者恢复"与"排污费高于污染治理成本"的生态补偿原则。《中华人民共和国水污染防治法》于2008 年出台，该文件提出要通过财政转移支付等方式建立健全对位于饮用水源保护区区域和江河、湖泊、水库上游地区的水环境生态保护补偿机制。此外，在党的十八大报告中还出现了"深化资源性产品价格和税费改革，建立反映市场供求和资源稀缺程度，体现生态价值和代际补偿的资源有偿使用制度和生态补偿制度"等与生态补偿相关的内容。在理论科研方面，中国学者在补偿理论、方法、额度等方面均进行了一定程度的研究，这些成果为流域生态补偿提供了理论支撑。在实践方面，中国多省在省内流域生态补偿或省际跨流域生态补偿方面开展了扎实的工作，这些实践与政策的落实，为全国流域生态补偿制度的建立与实施提供了大量切实、有用的经验教训，对水生态环境的保护与可持续利用、区域经济的可持续发展具有重要作用。

目前，在中国实施的流域生态补偿标准实践可被划分为 3 种经典模式，即基于流域跨界监测断面水质目标考核的生态补偿标准模式、基于流域跨界监测断面超标污染物通量计量的生态补偿标准模式与基于提供生态环境服务的投入成本测算的生态补偿标准模式。在生态补偿标准设计或生态补偿实践中采用第一种模式的主要有福建省闽江流域（2005.05）、浙江省内八大水系干流（2008.02）、辽宁省辽河流域（2008.10）、河南省沙颍河流域（2008.12）、河北省内七大流域（2009.03）、山西省内主要河流（2009.10）、河南省内四大流域（2010.01）、陕西省渭河干流（2010.01）。这一模式首先对上游地区出界水质目标基准进行确定，若上游地区跨界监测断面水质考核值超出目标基准，那么上游地区需要扣缴一定的生态补偿金，其额度由超标水平确定；若上游地区跨界监测断面水质考核值未超出目标基准，那么上游地区将得到补偿金，其额度由上游地区达标水平来确定。在生态补偿标准设计或生态补偿实践中采用第二种模式的主要有江苏省太湖流域（2007.12）、贵州省清水江流域（2009.07）与河南省内四大流域（2010.01）。这一模式的实施方法为：先对上游地区出界水质目标基准进行确定，若上游地区跨界监测断面水质考核值超出目标基准，那么上游地区需要扣缴一定的生态补偿金，其额度由单位污染物通量生态补偿金扣缴标准与实际监测的污染物通量的乘积来确定。在生态补偿标准设计或生态补偿实践中采用第三种模式的主要有广东省东江流域（2005.06）、福建省闽江流域（2005.05）、山东省辖淮河及小清河流域（2007.07）、辽宁省东部山区水源涵养区（2008.02）、浙江省境内主要水系（2008.02）、江西省内主要河流及东江源（2008.11）。这一模式的实施方法是对流域上游地区尤其是水源地的污染防治、生态环保投入等成本进行核算并且加以补偿，但是，那些在生态环境建设方面没有将工作落实到位或开展效果不佳的流域上游地区，将会受到一定的惩罚，具体表现为扣减补偿金额或不给予补偿（张玉玲等，2014）。中国流域生态补偿标准实践如表4-2所示。

表4-2 中国流域生态补偿标准实践

模式	基于流域跨界监测断面水质目标考核	基于流域跨界监测断面超标污染物通量计量	基于提供生态环境服务的投入成本测算
典型案例	福建省闽江流域（2005.05） 浙江省内八大水系干流（2008.02） 辽宁省辽河流域（2008.10） 河南省沙颍河流域（2008.12） 河北省内七大流域（2009.03） 山西省内主要河流（2009.10） 河南省内四大流域（2010.01） 陕西省渭河干流（2010.01）	江苏省太湖流域（2007.12） 贵州省清水江流域（2009.07） 河南省内四大流域（2010.01）	广东省东江流域（2005.06） 福建省闽江流域（2005.05） 山东省辖淮河及小清河流域（2007.07） 辽宁省东部山区水源涵养区（2008.02） 浙江省境内主要水系（2008.02） 江西省内主要河流及东江源（2008.11）

资料来源：根据程滨等《我国流域生态补偿标准实践：模式与评价》（《生态经济》2012年第4期，第24-29页）整理。

此外，中国的生态补偿实践还可以概括为三方面内容：由中央相关部委推动、以国家政策形式实施的生态补偿；地方自主性的探索实践；国际生态补偿市场交易的参与。以新安江流域省际生态补偿实践为例，这一举措涉及经济相对发达的浙江省与经济发展较为缓慢的安徽省，其生态补偿资金主要由中央与两省共同提供。自2012年开始，中央提供60%的补偿资金，即3亿元，浙江省与安徽省各提供20%的资金，即1亿元，这一模式实现了由中央牵头并最终促使地方协商解决的目的。

第五章　流域居民①对流域生态系统服务支付意愿及其影响因素分析

第一节　理论分析与计量模型设计

一、理论分析

CVM（条件价值评估法）问卷通过两次预调研并经过修改之后最终确定下来，这主要体现在与支付意愿有关的问题能否被参与调查的受访者所理解和接受。这里以渭河流域（陕西省内）居民为调查样本。问卷的核心内容主要分为以下三个部分：第一部分为流域居民对渭河流域（陕西省内）生态环境认知情况调查，包括对各生态指标的认知情况和对生态系统服务付费必要性的认知情况调查；第二部分为流域居民对生态系统服务的支付意愿调查，这里采用开放式问卷直接询问被调查者的最大支付意愿②；第三部分为流域居民基本情况调查，包括对流域居民个体特征及流域居民家庭特征等的调查。问卷还涉及了《渭河流域重点治理规划》中涉及的主要环境治理措施，特别是流域环境治理和保护对流域居民生产、生活的具体要求，让受访者清楚了解问卷调查目的所在。

---

① 本章对流域居民的分析更多地泛指农村居民即农户。

② CVM问卷的设计方式主要分为开放式（Open – ended）、支付卡式（Payment Card）和二分式（Dichotomous Choice）三种，这里之所以选择开放式问卷设计是为了问卷使用的简单和方便。

二、计量模型设计

通过对流域居民支付意愿的调查可以得到，在 900 份（户）有效调查问卷中，有 695 份（户）流域居民愿意为渭河流域（陕西省内）生态系统服务支付一定的费用，即支付率达到了 77.22%。本研究以 695 份（户）流域生态系统服务的支付意愿为因变量，以受访者个体特征、家庭特征、生活环境及对生态系统服务付费认知情况为自变量，对受访者愿意支付的影响因素进行分析。由于在回答支付意愿问题时人们习惯用类似 50、100、200 这样的整数，使得最大支付意愿表现为离散数据特征，因此本研究采用有序 Probit 模型来分析影响受访者最大支付意愿的主要影响因素。

在有序 Probit 模型中，存在一个潜在的连续变量 y_i^*，代表个体在做出选择时得到的效用：

$$y_i^* = \beta X_i + \varepsilon_i \qquad\qquad (式 5-1)$$

其中，X_i 为与个体 i 相关的影响因素变量向量集，β 为待估计的参数向量，ε_i 为服从标准正态分布的误差项（Bian，1997）。因为 y_i^* 为不可观测变量，所以要对可观测的排序数据 y_i 进行决策规定：

$$y_i = 1 \text{ if } \quad 0 < y_i^* < w_1 \qquad\qquad (式 5-2)$$
$$y_i = 2 \text{ if } \quad w_1 \leqslant y_i^* \leqslant w_2 \qquad\qquad (式 5-3)$$
$$y_i = 3 \text{ if } \quad w_2 < y_i^* < +\infty \qquad\qquad (式 5-4)$$

式中，w_1、w_2 为两个切断点，依据此决策，将样本最大支付意愿分为以下三个层次：$y_i = 1$，if $0 < y_i^* < 200$，占样本总体的 16%；$y_i = 2$，if $200 \leqslant y_i^* \leqslant 300$，占样本总体的 57%；$y_i = 3$，if $300 < y_i^* < +\infty$，占样本总体的 27%。

第二节　数据来源及变量选取

一、数据来源

本研究的问卷调查开展于 2012 年 12 月，根据《渭河流域重点治理规划》中陕西省渭河流域水质情况说明，抽取中上游到下游共 4 个样本进行调查，4 个样本分别为宝鸡市金台区、咸阳市秦都区、渭南市临渭区和华阴市。调查共获得问卷 900 份（户），其中有支付意愿的问卷数达到 695 份（户），占总样本的 77.22%。

二、变量选取

为了探究受访者对渭河流域生态系统服务支付意愿的影响因素，本研究通过构建支付意愿影响因素计量模型进一步明确其影响程度和显著性。模型的因变量与自变量选取如下：

模型的因变量即受访者对渭河流域生态系统服务的支付意愿（Y），具体按照上文（式 5 - 2）、（式 5 - 3）、（式 5 - 4）进行取值，即根据支付意愿的大小对因变量进行定序排列。

根据先前学者的研究和本研究的具体情况，模型引入以下自变量：①流域居民个体特征变量，包括受访者年龄（AGE）、受访者性别（GENDER）；②流域居民家庭特征变量，包括受访者家庭年收入（INCOME）、受访者家庭社会地位（STATUS）；③流域居民生活环境变量即受访者是否为农村居民（VILLAGE）；④流域居民环境认知变量，即受访者认为为环境（生态系统服务）付费的必要性（PAY），这在一定程度上代表了受访者认知生态系统服务改善相对于经济发展的重要程度。模型变量的具体解释如表5 - 1所示。

表 5 - 1　　　　　　　　　　模型变量的具体解释

变量名称	变量含义	变量类型	变量赋值	预期方向
Y	支付意愿	因变量	1 =（0，200）； 2 =［200，300］； 3 =（300，+∞）	/
AGE	受访者年龄	个体特征变量	受访者实际年龄（岁）	?
GENDER	受访者性别	个体特征变量	1 = 男；0 = 女	?

变量名称	变量含义	变量类型	变量赋值	预期方向
INCOME	受访者家庭年收入	家庭特征变量	1 =（0，30000） 2 =［30000，70000］ 3 =（70000，+∞）	+
STATUS	受访者家庭社会地位	家庭特征变量	1 =家庭中有公务员或村干部；0 =家庭中没有公务员或村干部	+
VILLAGE	受访者是否为农村居民	生活环境变量	1 =农村居民； 0 =城市居民	−
PAY	受访者认为为环境（生态系统服务）付费的必要性	环境认知变量	1 =不必要；2 =有些必要； 3 =比较必要；4 =必要； 5 =非常必要	+

第三节　描述性统计及实证结果分析

一、描述性统计分析

在有支付意愿的 695 份（户）问卷中，支付意愿的最小值为每年每户 10 元，样本数为 5；支付意愿的最大值为每年每户 3000 元，样本数为 3。对调查结果中 695 份（户）支付意愿大于零的问卷进行整理，得出最大支付意愿投标额的频率分布见图 5 - 1 渭河流域（陕西省内）生态系统服务正支付意愿频率分布形态。由图 5 - 1 可知，695 个支付意愿投标额中，频率最大的为每年每户 200 元，约占样本总体的 30%，其次为每年每户 300 元，约占样本总体的 26%。最大支付意愿基本呈现正态分布。

表 5 - 2 中各变量基本统计描述列出了所有变量的基本统计数据。从表 5 - 2

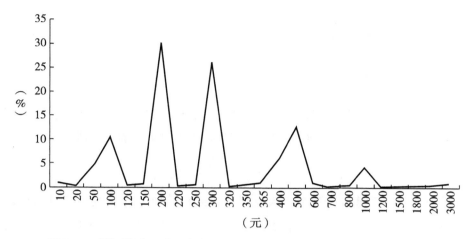

图5-1　渭河流域（陕西省内）生态系统服务正支付意愿频率分布形态

可以看出，受访者的平均环境认知水平较高，表明渭河流域（陕西省内）流域居民对生态系统服务改善具有较强的支付意愿。

表5-2　　　　　　　　各变量基本统计描述

变量	均值	标准差	最小值	最大值
支付上限	322.79	296.75	10.00	3000.00
支付意愿	2.10	0.65	1.00	3.00
受访者年龄	41.18	12.88	16.00	78.00
受访者性别	0.57	0.49	0.00	1.00
受访者家庭年收入	1.93	0.73	1.00	3.00
受访者家庭社会地位	0.26	0.44	0.00	1.00
受访者是否为农村居民	0.50	0.50	0.00	1.00
受访者认为为环境（生态系统服务）付费的必要性	3.39	1.20	1.00	5.00

二、实证结果分析

(一) 支付意愿测算

根据渭河流域（陕西省内）流域居民的生态系统服务最大支付意愿的频率分布，可以通过离散变量的数学期望公式计算正支付意愿的平均值：

$$E(WTP) = \sum_{i=1}^{n} W_i P_i \qquad \text{（式 5-5）}$$

其中，W_i 为生态系统服务最大支付意愿的投标值，P_i 为受访者投标该数额的概率，n 为投标数。通过计算得到 $E(WTP)$ 为 322.79 元/（户·年），然后根据调整的 Spike 模型，计算整个样本的平均支付意愿（Kriström，1997）：

$$\overline{E(WTP)} = E(WTP) \times (1 - WTP_0) \qquad \text{（式 5-6）}$$

其中，WTP_0 为零支付率，为 22.78%。根据（式 5-6）计算得出整个渭河流域（陕西省内）流域居民的生态系统服务平均支付意愿为 249.27 元/（户·年）。

本研究的支付意愿与部分国内外研究成果比较如表 5-3 所示。通过对比可以发现，支付意愿的大小与研究区域和 CVM 所使用的问卷调查方式有关。总体来说，发达国家和地区的居民具有更高的支付意愿，而不同的 CVM 问卷调查方式也可能会导致支付意愿存在不同程度的偏差。

表 5-3　　　　本研究的支付意愿与部分国内外研究成果比较

第一作者	年份	国别	河流	问卷方式	支付意愿（户·年）
Loomis	2000	美国	Platte River	二分式	$252
Casey	2006	巴西	Amazon River	二分式	$73.44
Imandoust	2007	印度	Pavana River	支付卡式与开放式结合	$4.69
张志强	2002	中国	黑河	支付卡式	￥53.35
郑海霞	2010	中国	金华江	支付卡式	￥298.46
乔旭宁	2012	中国	渭干河	支付卡式	￥96.22
史恒通	2014	中国	渭河	开放式	￥249.27

（二）支付意愿影响因素分析

本章利用 Eviews 6.0 软件对有序 Probit 模型进行极大似然估计，最大支付意愿影响因素的有序 Probit 模型估计结果如表 5 - 4 所示。表 5 - 4 报告的估计结果通过了对数似然比检验，且大部分解释变量通过了 Z 检验（样本容量大于 30 的平均值差异性检验），说明模型估计结果较理想。模型对支付意愿分类的两个切断点估计系数 Limit_ 2 和 Limit_ 3 分别在 10% 和 1% 水平上显著，表明选取误差项为服从标准正态分布的有序 Probit 模型是合适的（Hensher 等，2005）。如果回归结果的解释变量系数为正，表示该解释变量越大潜变量 y_i^* 取值越大，从而显变量 y_i 处于更高等级的概率越大。如果回归结果的解释变量系数为负，表示该解释变量越大潜变量 y_i^* 取值越小，从而显变量 y_i 处于更低等级的概率越大。按照这一原理，对模型估计结果做出具体分析。

表 5 - 4　　　　　最大支付意愿影响因素的有序 Probit 模型估计结果

变量	系数	标准差	Z 统计量	P 统计量
AGE（受访者年龄）	- 0.007 *	0.004	- 1.911	0.056
GENDER（受访者性别）	0.466 * * *	0.094	4.978	0.000
INCOME（受访者家庭年收入）	0.025	0.064	0.388	0.698
STATUS（受访者家庭社会地位）	0.243 * *	0.106	2.293	0.022
VILLAGE（受访者是否为农村居民）	- 0.241 * *	0.102	- 2.357	0.018
PAY［受访者认为为环境（生态系统服务）付费的必要性］	0.203 * * *	0.037	5.510	0.000
Limit_ 2	- 0.396 *	0.238	- 1.664	0.096
Limit_ 3	1.316 * * *	0.242	5.449	0.000
Log Likelihood 值	- 637.879			
LR 值（似然比）	71.614			
Prob（P 值即能拒绝零假设的最小的显著性水平）	0.000			
Pseudo R - squared（伪判决系数）	0.053			
Observations（观察值）	695			

注：* * *、* *、* 分别表示模型估计系数在 1%、5% 和 10% 的水平上显著。

在流域居民个体特征变量中，受访者年龄通过了 10% 的显著性检验，且估计系数为负，说明年轻受访者比年长受访者具有更高的支付意愿。受访者性别通过了 1% 的显著性检验，且估计系数为正，说明男性受访者与女性受访者相比具有明显的更高的支付意愿。

在流域居民家庭特征变量中，受访者家庭年收入变量对流域生态系统服务支付意愿的影响不显著，这可能是由于目前流域居民的收入更多地用于家庭生活补贴，因而流域生态系统服务这种环境物品的消费不受收入多少的影响。受访者家庭社会地位变量在 5% 的水平上显著，且估计系数为正，说明随着受访者家庭社会地位的提高（家庭中有村干部或公务员）其社会责任感增强，因而对流域生态系统服务这种环境物品的消费具有更大的偏好，即具有更高的支付意愿。

从环境认知变量来看，受访者认为为环境（生态系统服务）付费的必要性这一变量通过了 1% 的显著性检验，且估计系数为正，这反映了流域居民的环境认知与付费行为一致。对流域生态系统服务改善认知较高的受访者，同时也愿意为流域生态系统服务这一公共（环境）物品带来的正外部性进行一定的生态补偿，以获取更高的个人福利。

第四节 结论以及政策启示

一、研究结论

本章基于来自渭河流域（陕西省内）流域居民的微观调研数据，采用 CVM 方法测算了流域居民对流域生态系统服务的支付意愿，并运用有序 Probit 模型对支付意愿的影响因素进行了实证分析，研究主要得到以下结论：①渭河流域（陕西省内）流域居民的生态系统服务平均支付意愿为 249. 27 元/（户·年）。②流域居民对流域生态系统服务的支付意愿主要受流域居民个体特征、流域居民家庭特征、流域居民生活环境以及流域居民环境认知方面的影响，其中受访者家庭社会地位和受访者环境认知程度对其支付意愿具有显著的正向影响，受访者年龄和受访者是否为农村居民对其支付意愿具有显著的负向影响，男性受访者与女性受访者相比具有更高的支付意愿，而受访者家庭年收入状况对其支付意愿影响不显著。

二、政策启示

对流域生态系统服务支付意愿的研究有助于流域生态补偿机制的完善，有助于进一步调控流域微观治理，实现流域的可持续发展。本研究应用 CVM 方法对陕西省渭河流域生态系统服务的支付意愿进行了测算。为了研究方便，具体的问卷设计采用了开放式方式，这使得研究的结果难免存在一定程度上的偏差，今后如何深入开展 CVM 方法研究，测算更精确的生态系统服务支付意愿还有待进一步探讨。

第六章 农户（消费者）对流域生态系统
服务的消费偏好及支付意愿分析测算

流域生态系统除了为人类提供水资源和食物，还具有调节流域气候、净化流域空气和环境、维护流域水土保持、提供流域景观和休闲娱乐等生态系统服务功能（Costanza 等，1997）。从价值量的角度来看，流域生态系统服务不但具有使用价值，而且具有非使用价值。在使用价值中又包含了直接使用价值和间接使用价值。流域生态治理政策制定者往往只关注流域生态系统服务的直接使用价值，例如，流域水资源被用于生活饮用以及农业和工业生产中的价值，而忽略了其潜在的间接使用价值和非市场价值，这种流域生态治理政策的制定，造成流域生活用水和生产用水大量挤占生态用水，进而产生一系列流域生态环境破坏和恶化问题。

从消费者的角度来看，流域农户（消费者）对流域生态系统服务的各个层面均具有消费偏好，且不同的消费者群体对流域生态系统服务的消费偏好存在异质性。从已有研究来看，国内外学者普遍运用选择实验法研究消费者对资源环境物品的消费偏好及偏好异质性问题（史恒通和赵敏娟，2016；杨欣等，2016；Hanley 等，2006；Brouwer 等，2010）。总的来看，选择实验法在国外的实证研究中得到了长足的发展，但国内在运用选择实验法研究消费者对生态系统服务这样的环境物品的消费偏好时忽略了以下两个问题：一是不同个体对每个生态指标的偏好程度是因人而异的（Kosenius，2010）；二是选择实验法在进行问卷调查时，受访者选择不同的选项所作出的选择行为并非相互独立（Hensher 等，2005）。针对上述问题，本章以黑河流域（甘肃省内）为例，运用选择实验法研究了农户（消费者）对流域生态系统服务的消费偏好，并在此基础上运用计量模型对农户（消费者）的支付意愿进行了分析测算，以为流域生态补偿等相关政策的制定和完善提供理论及实证依据。

第一节　理论基础分析与构建计量模型

一、理论基础分析

资源环境经济学家通过非市场价值评估的方法来测算消费者对资源环境公共物品的支付意愿以及得出消费者剩余的变化，进而对公众效用的变化和福利的改进进行判断。在所有的价值评估方法中，只有陈述性偏好法（Stated Preference Method）能够反映资源环境公共物品的非市场价值，对资源环境公共物品的管理提供决策支持，其暗含的假设是：人们对可供选择的物品具有精确的偏好，且人们很清楚自己的偏好。在运用陈述性偏好法时，结合运用选择实验法能够较好地解决多重生态系统服务功能之间的损益比较问题，揭示公众对生态系统服务各生态功能属性的偏好。

选择实验法的理论基础源自兰开斯特消费者理论和效用最大化理论。兰开斯特消费者理论指出，消费者的效用并非来自商品本身，而是来自商品所具有的各种属性。生态系统服务作为一种资源环境公共物品，消费者对其进行消费产生的效用不是来自生态系统服务本身，而是来自生态系统服务的各种生态功能属性，如流域生态系统服务一般具有提供食物和水资源（供给服务）、控制洪水和疾病（调节服务）、精神和娱乐享受（文化服务）以及维持流域生物物种多样性（支持服务）等生态功能属性。根据随机效用理论，消费者对资源环境公共物品进行消费的真实效用（U_{ijt}）被分解为可以进行观测的确定部分（V_{ijt}）以及不可以进行观测的随机部分（ε_{ijt}），如式 6 - 1 所示：

$$U_{ijt} = V_{ijt} + \varepsilon_{ijt} \qquad （式6-1）$$

消费者选择生态系统服务的概率表达形式如式 6 - 2 所示：

$$P_{ijt} = Pr(V_{ijt} + \varepsilon_{ijt} > V_{ikt} + \varepsilon_{ikt}; \forall j \in c. \forall j \neq k) \qquad （式6-2）$$

一般情况下，假设随机效用函数具有线性特征，则可观测效用函数可以表达为：

$$V_i = C + \beta_1 X_{i1} + \beta_2 X_{i2} + \cdots + \beta_n X_{in} \qquad （式6-3）$$

其中，X_{in} 表示选择集 i 中的第 n 个属性值，β_n 表示选择集 i 中第 n 个属性的待估计参数，C 为常数项。

二、构建计量模型

在建立理论模型的基础上，需要对效用函数进行参数估计，即通过计量经济学的方法估计（式6-3）中的待估计参数向量 β。在对待估计参数向量 β 进行估计时，可以对效用的随机部分进行不同的分布假设，从而可以使用不同的计量模型的估计方法。例如，假设随机效用服从二项正态分布，便可以使用二元 Probit 模型。假设随机效用服从 Gumbel 分布，便可以使用条件 logit 模型或者多项式 logit 模型（Mcfadden，1974；Anderson 等，1988）。但这些计量模型暗含的假设就是消费者对商品（或服务）的消费偏好是同质的，即待估计参数是一个确定的数值。后来，计量经济学家对这种同质偏好形式的计量模型提出了挑战，提出了放宽模型独立分布（Independent and Identically Distribution，IID）假设条件的其他计量模型，这里着重指出目前国际上最常使用的两种计量模型：Mixed Logit 模型和潜类别模型。

1. Mixed Logit 模型

Mixed Logit 模型又称 Random Parameter Logit 模型，其假设不同的消费者群体之间对商品（或服务）的消费偏好存在异质性，且呈现一种连续的分布形式。个体 n 在 t 时刻的第 i 次选择的概率分布函数可以表达为：

$$P_{nit} = \int \frac{\exp(V_{nit})}{\sum_j \exp(V_{nit})} f(\beta)\, d\beta \qquad (式6-4)$$

此概率分布形式与条件 logit 模型的概率分布形式是一致的，但条件 logit 模型的估计参数为一个确定的数值，而 Mixed Logit 模型的估计参数是随机的，如为服从正态分布、三角分布、瑞利分布等的分布函数（Dhoyos，2010）。

2. 潜类别模型

尽管 Mixed Logit 模型能够对消费者的偏好异质性进行验证，但并不能直观地体现消费者偏好异质性的形式。潜类别模型假设不同的消费者群体对商品（或服务）的消费偏好存在异质性，且呈现一种离散的分布形式，从潜类别模型中可以直接观察出消费者对商品（或服务）消费偏好异质性的来源。在潜类别模型中，

n 个消费者个体依据受访者的个体特征及其他社会经济特征可以被归入不同特征的偏好组，最后被分为 S 类，每一类消费者均具有相同的消费偏好。个体在情况 t 下做出选择 i 的概率可以表达为：

$$P_{nit} = \sum_{s=1}^{S} \frac{\exp(\beta_s X_{nit})}{\sum_j \exp(\beta_s X_{nit})} R_{ns} \qquad （式6-5）$$

其中，β_s 表示类别 S 的参数向量，R_{ns} 表示个体 n 落入类别 S 的概率。

本节分别构建 Mixed Logit 模型和潜类别模型，在此基础上，测算流域农户（消费者）对流域生态系统服务的支付意愿。

第二节　选择实验设计

一、研究区域概况

黑河流域位于河西走廊中部，是中国西北地区第二大内陆流域，流域面积约 14.29 万平方千米。黑河流经青海省、甘肃省、内蒙古自治区，上游属青海省祁连县，中游属甘肃省山丹、民乐、张掖、临泽、高台、肃南、酒泉等市县，下游属甘肃省金塔县和内蒙古自治区阿拉善盟额济纳旗。流域南以祁连山为界，北与蒙古国接壤，东西分别与石羊河、疏勒河流域相邻，战略地位十分重要。中游的张掖市地处古丝绸之路和今日欧亚大陆桥之要地，农牧业开发历史悠久，享有"金张掖"之美誉；下游的额济纳旗位于边境线上。流域内居延三角洲地带的额济纳绿洲，既是阻挡风沙侵袭、保护生态的天然屏障，也是当地人民生息繁衍、国防科研和边防建设的重要依托。黑河流域的生态建设与环境保护，不仅事关流域内居民的生存环境和经济发展，也关系到西北、华北地区的环境质量，是关系民族团结、社会安定、国防稳固的大事。

二、属性及指标确定

根据相关研究，可以将生态系统服务分为生产服务（Production Service）、调节服务（Regulating Service）、栖息地服务（Habitat Service）和信息服务（Information Service）四类。本研究所选取的黑河流域生态系统服务非市场价值评估生态功能属性应该与以上四类生态系统服务相匹配。进一步地，生态指标的选择是在生态功能属性的基础上加以扩展，生态指标选择应该符合以下两个标准：①对于公众来说，生态指标应该直观易懂，以便于其在不同选择集中进行比较；②生态指标应该与相应的环境政策相关，反映亟须得到改善的环境属性（史恒通和赵敏娟，2015）。针对此，本研究在两次预调研的基础上了解了黑河流域生态系统服务的基本现状，通过查阅《黑河流域综合规划环境影响报告书》，确定了生态系统服务改善的最终目标。另外，通过咨询相关生态学、水文学专家的意见，最终确定了选择实验法方案设计的5个生态指标，生态指标的含义及状态值与规划目标值如表6－1所示。其中，河流水质和农田灌溉保障率两个生态指标反映了生态系统服务中的生产服务，平均扬沙天气反映了生态系统服务中的调节服务，东居延海面积反映了生态系统服务中的栖息地服务，休闲娱乐条件反映了生态系统服务中的信息服务。

表6－1　　　　　　　生态指标的含义及状态值与规划目标值

生态指标	含义（单位）	现状态值	中间状态值	规划目标值
河流水质	流域水质平均级别（级）	3	2.5	2
农田灌溉保障率	有效灌溉的百分比（%）	60	65，70	75
平均扬沙天气	一年中扬沙天气天数（天）	44	40，35	30
东居延海面积	下游生态保证（平方千米）	40	50	60
休闲娱乐条件	休闲娱乐场面积（平方千米）	55	80，105	130
支付价格	居民愿意支付的费用（元/户·年）	0	50，100，150，200	250

三、正交试验设计

在确定了生态指标及其状态值之后，需要采用正交试验设计（Experimental Design）的方法对已有的不同生态指标的状态值进行组合，该过程是正交试验设计中很重要的一个环节，决定了用选择实验法测算福利的效率。本研究结合

"SAS"软件，采用正交试验设计中的 D – optimal 原则进行正交试验设计，并得到了 64 个选择集，去除 4 个被占有的选择集后还剩 60 个选择集，这 60 个选择集被分成 20 个版本（每个版本由 3 个选择集组成一套选项卡放入问卷）。在每份问卷中，受访者看到 3 个独立的选择集，并做出 3 个独立的生态指标改善意愿选择。表 6 – 2 列出了问卷中一个选择集的例子。其中，选择方案 1 表示十年后黑河流域在这些生态指标方面没有任何改善，且不需要支付任何费用。选择方案 2 或者方案 3 表明十年后黑河流域在其中某些生态指标方面有不同程度的改善，并需要支付一定的费用。需要注意的是，这里流域农户（消费者）愿意支付的费用会用于黑河流域生态指标的改善，并不会有其他用途，且受访者在做出支付意愿选择的同时会被提醒其支付金额将受到其家庭经济条件的约束。

表 6 – 2　　　　　　　　　　问卷中一个选择集的例子

生态指标	方案 1（保持现状）	方案 2（改善 1）	方案 3（改善 2）
河流水质（级）	3	2.5	2.5
农田灌溉保障率（%）	60	65	70
平均扬沙天气（天）	44	44	44
东居延海面积（平方千米）	40	40	40
休闲娱乐条件（平方千米）	55	55	80
支付价格（元/（户·年））	0	200	250
请选择其中的一项	☐	☐	☐

四、问卷内容及调查样本

正式调研中，问卷主要包含以下三个方面的内容：①流域农户（消费者）对黑河流域生态指标改善的生态价值认知情况调查，这里包括流域农户（消费者）对流域生态系统服务的市场价值认知和非市场价值认知，主要采取打分和排序两种方式。②流域农户（消费者）对黑河流域生态系统服务改善的支付意愿。这里主要是结合选择实验法的问卷测算出流域生态系统服务的非市场价值，包括各生态功能属性的非市场价值和流域生态系统服务的非市场总价值。③流域农户（消费者）的社会经济特征调查，主要为受访者的个人及家庭特征调查，包括受访者年龄、性别、职业、受教育程度、家庭收支情况等。具体的调研于 2014 年在黑河流域（甘肃省内）以户为单位展开。本次调研抽取 5 个样本区（县）进行调研，包括甘肃省张掖市甘州区（中游）、民乐县（中游）、肃南裕固族自治县（中游）、高台县（中游）和内蒙古自治区阿拉善盟额济纳旗（下游）。研究共发放调研问卷 1800 份，其中有效问卷 1681 份，有效率大概达到 93.39%。

第三节　模型估计结果

一、Multinomial Logit 模型和 Mixed Logit 模型结果分析

模型估计中，分别采用 Multinomial Logit（MNL）模型和 Mixed Logit 模型对参数进行估计。MNL 模型的一个缺点就是它假定偏好是同质的，每个属性有一个系数被估计出来。而 Mixed Logit 模型允许偏好在不同个体之间变化，其估计结果为一个分布。本研究关于 MNL 模型和 Mixed Logit 模型的估计均运用 Stata 12.0 计量软件进行编程模拟，且采用 Halton 抽样的方法进行极大似然估计。Multinomial Logit 模型和 Mixed Logit 模型估计结果如表 6 - 3 所示。

表 6 - 3　　　　Multinomial Logit 模型和 Mixed Logit 模型估计结果

生态指标	Multinomial Logit 模型系数（标准误）	Mixed Logit 模型均值（标准误）标准差（标准误）	
河流水质	- 0.6525*** （0.0661）	- 1.6680*** （0.1864）	3.0076*** （0.3054）
农田灌溉保障率	0.0289*** （0.0074）	0.0286* （0.0158）	0.2195*** （0.0154）
平均扬沙天气	- 0.0277*** （0.0096）	- 0.0260 （0.0219）	0.2473*** （0.0268）
东居延海面积	0.0002 （0.0045）	0.0246** （0.0109）	0.1573*** （0.0169）
休闲娱乐条件	0.0052*** （0.0011）	0.0045* （0.0027）	0.0494*** （0.0043）
支付价格	- 0.0051*** （0.0006）	- 0.0125*** （0.0013）	—

续表

生态指标	Multinomial Logit 模型 系数（标准误）	Mixed Logit 模型 均值（标准误） 标准差（标准误）	
常数项（ASC）	0.5453***（0.1905）	2.5435***（0.3813）	—
Log likelihood 值	− 5038.1703	− 4410.6197	
样本量（N）	1681	1681	

注：*、**和***分别表示在10%、5%和1%水平上显著。

从 MNL 模型的估计结果来看，所有指标的系数符号均与预期一致。因为河流水质级别越高和平均扬沙天气越多表明环境越恶劣，所以黑河流域农户（消费者）几乎对所有生态指标的改善均具有正向偏好。在众多生态指标中，东居延海面积生态指标不显著，其他大部分指标均在1%水平上显著。

因为 Mixed Logit 模型假定系数服从正态分布，因此估计的结果不是一个固定值，而是系数的均值和标准差。在表6-3所列 Mixed Logit 模型的估计结果中，左边一列是估计系数的均值，右边一列是估计系数的标准差。众多生态指标的标准差均在1%水平上显著，说明黑河流域农户（消费者）在各生态指标的改善方面均具有较强的偏好异质性。每个生态指标的均值估计结果基本与 MNL 模型一致，但东居延海面积生态指标显著为正，而平均扬沙天气生态指标不显著。综合 MNL 模型和 Mixed Logit 模型来看，黑河流域农户（消费者）对河流水质、农田灌溉保障率和休闲娱乐条件改善具有显著的偏好。

二、潜类别模型结果分析

Mixed Logit 模型对黑河流域农户（消费者）的生态系统服务偏好异质性进行了检验，要想对这种偏好异质性的来源作进一步分析，需要使用潜类别模型。使用潜类别模型分析偏好异质性来源的第一步就是确定类别参数数目。表6-4潜类别模型中类别参数数目选择标准列出了采用 Stata 软件进行潜类别模型结果分析时类别参数数目的结果，根据 AIC（Akaike Information Criterion，赤池信息量准则）和 BIC（Bayesian Information Criterion，贝叶斯信息准则），当 AIC 和 BIC 值最小的时候，模型的适配情况为最优（Boxall 和 Adamowicz，2002；Imandoust 和

Gadam，2007）。

表6-4 潜类别模型中类别参数数目选择标准

类别	对数似然值	参数数目	AIC 值	BIC 值
1	-4245.161	15	8616.729	8601.729
2	-4146.579	23	8486.982	8463.982
3	-4099.629	31	8460.500	8429.500
4	-4081.834	39	8492.327	8453.327
5	-4056.805	47	8509.686	8462.686

潜类别模型估计结果如表6-5所示。模型将农户（消费者）分成4个组别，根据每个组别对应各个生态指标的显著性程度，可以将4个组别分别定义为属性偏好型、价格偏好型、生态导向型和娱乐享受型。每个组别农户（消费者）的样本数量分别占样本总数量的27.0%、14.5%、18.4%和40.1%。第一个组别几乎对每一个生态指标都具有显著的偏好，但对支付价格这一生态指标的偏好不显著，因此将这一组别定义为属性偏好型；第二个组别几乎对每一个生态指标的偏好均不显著，但对支付价格这一生态指标在10%的水平上显著为负，即只对支付价格比较敏感（价格越高越拒绝支付），可以将这一组别定义为价格偏好型。前两个组别的农户（消费者）的消费偏好具有极端性，属于非理性偏好，后两个组别的农户（消费者）除对支付价格这一生态指标具有显著的偏好（均在1%水平上显著）以外，对其他的生态指标也具有一定的偏好。其中，后两个组别的农户（消费者）对河流水质这一生态指标的偏好显著为负，且均在1%水平上显著，表明河流水质改善越好农户（消费者）的支付意愿越高（因为河流水质是随着水质级别数的增高而恶化的），后两个组别的农户（消费者）在农田灌溉保障率这一生态指标的偏好上也表现出不同程度的显著水平，表明后两个组别的农户（消费者）愿意为黑河流域的农田灌溉条件改善支付一定的金额。后两个组别的农户（消费者）的消费偏好差别在于：第三个组别的农户（消费者）对平均扬沙天气这一生态指标的改善具有显著的偏好，而第四个组别的农户（消费者）对流域的休闲娱乐条件这一生态指标的改善具有显著的偏好。也就是说，第三个组别的农户（消费者）在意的是流域水资源的调节服务功能，而第四个组别的农户（消费者）更在意的是流域水资源的信息服务功能。根据后两个组别的

农户（消费者）的偏好特点，可以分别将其归为生态导向型和娱乐享受型，这两个组别的农户（消费者）的消费偏好比较平均且有各自的特点，属于理性偏好。

表6-5　　　　　　　　　　　潜类别模型估计结果

属性变量 （生态指标）	Class 1 （属性偏好型）	Class 2 （价格偏好型）	Class 3 （生态导向型）	Class 4 （娱乐享受型）
支付 价格	0.002（0.003）	-0.029（0.018）*	-0.026（0.003）***	-0.006 （0.001）***
河流水质	-2.753（0.685）***	1.333（1.285）	-1.913（0.349）***	-0.508 （0.135）***
农田灌溉 保障率	0.082（0.038）**	-0.280（0.185）	0.076（0.034）**	0.024 （0.014）*
平均扬 沙天气	-0.225（0.064）***	0.197（0.232）	-0.126（0.048）***	0.028 （0.019）
东居延 海面积	0.163（0.048）***	0.068（0.119）	-0.023（0.020）	-0.015 （0.010）
休闲娱 乐条件	0.014（0.006）**	-0.030（0.023）	-0.004（0.005）	0.009 （0.002）***
常数项	-0.651（1.152）	2.638（5.137）	1.670（0.886）*	3.427 （0.411）***
Log likelihood	-4098.838			
样本比例	27.0%	14.5%	18.4%	40.1%

注：表中括号内为相应均值所对应的标准误，*、**和***分别表示变量在10%、5%和1%的统计水平上显著。

三、支付意愿结果分析

1. 隐含价格测算

使用 Mixed Logit 模型和潜类别模型估计出黑河流域生态系统服务各生态指标的效用系数之后，就可以通过估计特定属性变化和支付项系数变化之间的边际替代率来获得个人对特定属性变化的边际支付意愿（Willingness To Pay，WTP）

了，也就是隐含价格（Implicit Price，IP）。隐含价格表明了黑河流域农户（消费者）愿意为每一个单位的生态系统服务的生态指标的改善所愿意支付的价格，其计算公式为：

$$IP = -\frac{\beta_{nm}}{\beta_m} \qquad\qquad （式6-6）$$

其中，β_{nm} 为生态指标的系数，β_m 为价格指标的系数。

从表6-6支付意愿（隐含价格）测算结果可以看出，生态导向型和娱乐享受型的农户（消费者）（理性偏好群体）的边际支付意愿值与 Mixed Logit 模型的边际支付意愿模拟值更加接近。在考虑偏好异质性的 Mixed Logit 模型中，黑河流域农户（消费者）对河流水质、东居延海面积和休闲娱乐条件3个生态指标改善具有显著的支付意愿，且对河流水质生态指标改善的支付意愿最高［河流水质每改善一个等级黑河流域农户（消费者）每户每年愿意支付133.905元］，而对休闲娱乐条件生态指标改善的支付意愿最低［休闲娱乐条件每增多1平方千米，黑河流域农户（消费者）每户每年愿意支付0.361元］。非理性偏好群体（属性偏好型和价格偏好型）对流域生态系统服务各生态指标的支付意愿几乎明显高于理性偏好群体（生态导向型和娱乐享受型）。每个组别的农户（消费者）都对河流水质这一生态指标改善具有最高的支付意愿。在理性偏好群体中，生态导向型消费者对平均扬沙天气生态指标改善具有较高的支付意愿，为4.846元/（户·年），而娱乐享受型消费者对休闲娱乐条件生态指标改善也具有较高的支付意愿，为1.500元/（户·年）。

表6-6　　支付意愿（隐含价格）测算结果　单位：元/（户·年）

生态指标	Mixed Logit 模型	潜类别模型			
		属性偏好型	价格偏好型	生态导向型	娱乐享受型
河流水质	-133.905***① （21.588）	1376.500	45.966	73.577	84.667
农田灌溉保障率	2.295（1.429）	41.000	9.655	2.923	4.000

———————

① 因为河流水质级别越小表征水质越好，所以表6-6中 Mixed Logit 模型列河流水质的系数为负。

续表

生态指标	Mixed Logit 模型	潜类别模型			
		属性偏好型	价格偏好型	生态导向型	娱乐享受型
平均扬沙天气	-2.089 (1.879)[①]	112.500	6.793	4.846	4.667
东居延海面积	1.978^{**} (0.884)	81.500	2.345	0.885	2.500
休闲娱乐条件	0.361^{*} (0.216)	7.000	1.034	0.154	1.500

注：表中括号内为相应均值所对应的标准误，*、**和***分别表示变量在 10%、5% 和 1% 的统计水平上显著。

2. 补偿剩余测算

隐含价格测算的是农户（消费者）对每一个生态指标的支付意愿，而补偿剩余（Compensation Surplus, CS）测算的是农户（消费者）对流域生态系统服务整体改善的支付意愿，它表达的是对环境现状改变所带来的整体效用，其计算公式为：

$$CS = -\frac{1}{\beta_m}(V_0 - V_1) \qquad （式6-7）$$

其中，V_0 表示生态系统服务维持现状能给人们带来的效用，V_1 表示生态系统服务整体改善后人们可获得的效用。

研究分别选取黑河流域（甘肃省内）生态系统服务改善前后的现状值和规划目标值作为效用变化的基点。十年后，生态系统服务维持现状和按照规划目标改善后的情况如下：

（1）维持现状：十年后，黑河流域平均河流水质为 3 级，农田灌溉保障率为 60%，年平均扬沙天气为 44 天，东居延海面积为 40 平方千米，休闲娱乐条件面积为 55 平方千米。

（2）规划目标状态：十年后，黑河流域平均河流水质为 2 级，农田灌溉保障率为 75%，平均扬沙天气为 30 天，东居延海面积为 60 平方千米，休闲娱乐条件面积为 130 平方千米。

结合表 6-3 中 Mixed Logit 模型的估计结果，根据（式6-7）计算所得的黑

---

① 因为平均扬沙天气越少表征天气越好，所以表 6-6 中 Mixed Logit 模型列平均扬沙天气的系数为负。

河流域（甘肃省内）农户（消费者）愿意为流域生态系统服务整体改善的平均支付意愿为 473. 157 元/（户·年）。

第四节　研究结论与政策启示

一、研究结论

本章以黑河流域（甘肃省内）为例，运用选择实验法研究了农户（消费者）对流域生态系统服务的消费偏好，并在此基础上运用计量模型对农户（消费者）的支付意愿进行了分析测算，主要得出以下结论：①黑河流域（甘肃省内）农户（消费者）对流域生态系统服务各生态指标的改善均具有较强的偏好，且在流域农户（消费者）之间存在显著的偏好异质性。Mixed Logit 模型估计结果表明偏好异质性表现为连续形式，且黑河流域（甘肃省内）农户（消费者）对河流水质、农田灌溉保障率和休闲娱乐条件的改善具有显著的偏好。潜类别模型估计结果表明偏好异质性表现为离散形式，且根据流域农户（消费者）消费偏好的特点可以将流域农户（消费者）分为属性偏好型、价格偏好型、生态导向型和娱乐享受型 4 个组别，其中生态导向型和娱乐享受型农户（消费者）属于理性偏好消费者，其均对流域水质这一生态指标的改善具有显著偏好。此外，生态导向型农户（消费者）对平均扬沙天气这一生态指标的改善具有显著的偏好，娱乐享受型农户（消费者）对休闲娱乐条件这一生态指标的改善具有显著的偏好。②通过对隐含价格的测算，黑河流域（甘肃省内）农户（消费者）对河流水质、东居延海面积和休闲娱乐条件 3 个生态指标的改善具有显著的支付意愿，且对河流水质这一生态指标的改善的支付意愿最高，为 133. 905 元/（户·年）。在理性偏好群体中，生态导向型农户（消费者）对平均扬沙天气这一生态指标的改善具有较高的支付意愿，为 4. 846 元/（户·年），而娱乐享受型农户（消费者）对流域休闲娱乐条件这一生态指标的改善也具有较高的支付意愿，为 1. 500 元/（户·年）。③通过对补偿剩余的测算，黑河流域（甘肃省内）农户（消费者）愿意为流域生态系统服务整体改善的平均支付意愿为 473. 157 元/（户·年）。

二、政策启示

自党的十八大提出大力推进生态文明建设以来，国家和地方出台了一系列政策来解决资源约束趋紧、环境污染加重、生态系统退化的问题。在生态文明制度建设方面，需要建立和完善反映市场供求关系和资源稀缺程度、体现生态价值的资源有偿使用制度和生态补偿制度。公众的生态系统服务的消费偏好是生态环境这个无形市场上消费者需求的根源，加强这方面的研究是进一步完善生态文明制度建设的理论基石和重点。笔者运用选择实验法中的 Mixed Logit 模型和潜类别模型，通过探索黑河流域（甘肃省内）农户（消费者）对流域生态系统服务的消费偏好，进一步分析测算农户（消费者）对流域生态系统服务改善的支付意愿。相对于传统的选择实验法的应用，本章在模型模拟中取得了长足的进步，验证和分析了流域农户（消费者）生态系统服务偏好的异质性，但同时也应该看到选择实验法作为陈述偏好法中的一种，仍然存在问卷设计过程中的假想市场偏差，这需要在今后的研究中更多地注意问卷设计的精细程度以及模拟技术的进一步优化。

根据本章的研究结论，笔者提出以下几个方面的政策启示：①流域生态补偿标准的制定除了要考虑流域生态治理的成本，还需要综合分析流域生态治理的效益。②流域农户（消费者）从流域生态系统服务改善中获得的效益可以作为支付意愿的测算依据。因此，流域生态补偿制度需要综合考虑流域生态治理成本（补偿下限）和流域农户（消费者）支付意愿（补偿上限），制定合理的生态补偿标准。在制定和完善流域生态治理政策过程中，还需要考虑不同农户（消费者）群体消费偏好之间的差异，进而针对不同农户（消费者）群体制定差异化的流域生态治理政策，满足不同农户（消费者）群体对不同生态系统服务功能属性（生态指标）消费偏好之间的差异，以改变目前流域生态治理政策绩效评估过低的现状。③本章的相关分析和研究结论是基于黑河流域（甘肃省内）受访农户（消费者）得到的实证结果，如果需要把研究结论应用于其他地区就需要加以适当的修正。当研究结果拓展到类似流域时，可以采用效益转移的方法进行转化，以达到节约调研时间和减少问卷设计成本的目的，其他与黑河流域（甘肃省内）差异较大的流域在分析流域农户（消费者）对流域生态系统服务的消费偏好和支付意愿时，可以借鉴本章的研究方法和计量模型。

第七章 生态价值认知对农民①参与流域生态治理意愿影响分析

近年来，随着经济的发展和人类活动的增加，各种生态环境问题频繁出现，对人类福祉造成了严重影响。在党的十八大提出生态文明建设战略后，中央和地方相继出台了一系列流域生态治理政策，例如，《渭河流域重点治理规划》《汾河流域生态环境治理修复与保护工程方案》等，进一步加大了流域生态治理力度，以应对水资源约束趋紧、水环境污染加重和水生态系统退化的严峻形势。这些政策在一定程度上改善了流域生态环境，改善了流域生态系统服务。但是，这些政策大都重视发挥政府宏观调控和市场调节机制的作用，而忽略了激发公众参与的重要性，且往往只关注资源环境物品的经济属性，而忽略了那些更能激发公众参与意愿的社会和生态属性，这可能影响相关政策的制定和完善（王家庭和曹清峰，2014）。2015年4月，《国务院关于印发水污染防治行动计划的通知》（国发〔2015〕17号）发布，该文件列出了关于水污染防治的十条具体要求，并首次强调了公众参与的重要性。流域生态治理过程需要考虑多方利益相关者的意愿，尤其是第三方主体（公众）的意愿。2017年中央"一号文件"即《中共中央 国务院关于深入推进农业供给侧结构性改革加快培育农业农村发展新动能的若干意见》提出集中治理农业环境突出问题，加强重大生态工程建设。然而，在流域生态治理过程中，一些地区仍存在公众参与积极性未能得到充分调动等问题。由于缺乏有效的激励机制，农业面源污染、农业水资源枯竭浪费等问题甚至呈现加重的态势。作为水资源配置方案的终端实施者和贯彻者，公众对有关政策的支持程度将影响政策实施的最终效果。研究农民参与流域生态治理的意愿并探

---

① 本章中的农民更多地泛指接受调查的样本农户中的农民。

讨其影响因素，不但能改善农村生态环境，而且对提高农村居民生活质量具有重要的现实意义，对推进中国生态文明建设进程、提高公众福祉也具有重要的启示意义。

从已有文献来看，资本相关因素是影响农民参与环境治理意愿的重要因素（秦国庆和朱玉春，2017）。首先，物质资本对农民参与环境治理意愿具有重要影响。以往有关物质资本对农民参与环境治理意愿影响的相关研究主要关注耕地面积（蒋磊等，2014）、收入（梁爽等，2005）、收入结构（郑海霞等，2010）等。其次，人力资本也是影响农民参与环境治理意愿的重要因素。例如，文化程度越高，农民参与环境保护的意识越强，对消费低碳产品的支付意愿越强。最后，近年来开始有研究关注社会资本对环境治理的作用。例如，人际信任、制度信任对农民的废弃物资源化利用意愿具有显著的促进作用；史恒通和赵敏娟（2015）研究发现，居民的家庭社会地位对其生态系统服务支付意愿具有显著的正向影响。

从本质上看，农民参与流域生态治理的过程就是提高和改善流域生态系统服务的过程，农民在这一过程中会得到不同程度的福利改进，而农民对流域生态系统服务不同的功能属性（生态指标）也具有不同程度的偏好，这取决于农民对生态系统服务价值认知的差异。一部分农民关心的是与市场价值直接相关的流域生态系统服务功能的改善（例如流域水质和水量），而另一部分农民可能会更加关心其间接的使用价值，这些价值（例如流域的水土保持功能、休闲文化功能等）大多不能在市场上得以体现。已有研究也表明，除资本相关因素，公众的生态价值认知对其生态治理参与意愿也起到了重要作用（刘雪芬等，2013；张玉玲等，2014）。区别于已有相关研究，本章研究主要关注以下两个方面的问题：第一，各种因素（尤其是生态价值认知）如何影响农民参与流域生态治理的意愿？第二，对生态系统服务价值的认知（简称"生态价值认知"）可以分为对生态系统服务市场价值的认知和对生态系统服务非市场价值的认知，这两种认知在影响农民参与流域生态治理的意愿方面有何差异？

第一节　理论机理

已有的大量研究证实了生态价值认知在公众参与生态治理意愿中所起的积极

作用。例如，Kotchen 和 Reiling（2000）以生物多样性保护为例，研究了公众的环境认知对其参与濒危物种保护行为的影响，发现环境认知水平较高的公众对生物多样性保护的支付意愿显著偏高；Halkos 和 Matsiori（2014）研究了公众水资源保护意愿的影响因素，发现对间接使用价值认知水平较高的公众对水资源保护具有更高的支付意愿；刘雪芬等（2013）基于六省实地调查数据的研究发现，养殖户的生态价值认知程度对其生态养殖意愿具有显著的正向影响；何可等（2014）研究了农民对农业废弃物污染防控支付意愿的影响因素，发现农民对农业废弃物污染防控价值的认知程度会显著影响其对农业废弃物污染防控的支付意愿，且方向为正；余亮亮和蔡银莺（2015）研究了农民对农田生态补偿的受偿意愿的影响因素，指出农民对农田生态环境的认知程度会显著影响其减少化肥施用的受偿额度，且方向为正；李青等（2016）研究了塔里木河流域居民的生态价值认知对塔里木河流域生态环境改善支付决策行为的影响，发现居民对流域生态系统服务功能的认知程度会显著影响其对流域生态环境改善的支付意愿。

从已有研究来看，国内外学者都注意到了生态价值认知在公众参与生态治理意愿中的作用，并利用案例资料和调查数据验证了这一正向影响。但是，公众的生态价值认知是一个复杂的抽象概念，从生态系统服务的视角来看，公众的生态价值认知体现为公众对资源环境物品价值的认知。因此，有必要从价值认知的视角对公众的生态价值认知做更深入的研究，以进一步挖掘公众生态价值认知对其参与生态治理意愿的影响。

对于生态价值认知，学界并没有一个统一的定义。在本章中，生态价值认知是指公众（农民）在参与生态治理的过程中对自然资源所提供的生态系统服务价值的认知。而关于生态系统服务价值的内涵，在其发展过程中吸收了劳动价值论、主流经济学价值论、环境主义价值论的观点。按照劳动价值论的观点，生态系统服务价值是由具体的劳动创造的，其作用是形成使用价值（蔡志刚和陈承明，2001）。传统经济学家认为，价值是物品满足人们欲望的能力，是由市场供求决定的，因而没有进入市场的生态系统服务没有价值。环境主义者并不认同上述观点，环境主义者认为，生态系统服务价值的存在并不由人们的主观意愿和感受决定，生态系统具有内在价值。现代环境经济学对生态系统服务价值的研究多集中于生态系统服务的外在价值，而其内在价值由于涉及环境伦理问题很少被列入价值评估范围。鉴于此，本章所研究的生态价值认知是指农民对生态系统服务外在价值的认知，包括对可以直接在市场上消费使用的直接使用价值的认知（简称为"市场价值认知"）和对不能通过市场进行消费的间接使用价值的认知（简称为"非市场价值认知"）两个方面。已有研究表明，农民往往重视生态系统服务的市场价值，而忽略那些同样重要的生态系统服务的非市场价值（Shi H T 等，2016）。因此，有必要将对这两种生态价值的认知区分开来，分别研究并比较两者对农民参与流域生态治理意愿的影响，以便为流域生态治理政策的完善提供参考。

生态价值认知究竟如何影响公众的生态治理行为？本章研究结合计划行为理论（Theory of Planned Behavior，TPB）来分析这一作用机理，生态价值认知影响公众参与生态治理意愿的作用机理如图 7 - 1 所示。计划行为理论是 Ajzen（2005）在理性行为理论的基础上提出来的。该理论认为，人的行为是经过深思熟虑的计划的结果，而所有可能影响决策行为的因素都是经由行为意向来间接影响行为的。在 TPB 框架下，公众对流域生态系统服务这一公共（资源环境）物品的生态价值认知（包括市场价值认知和非市场价值认知）受到其行为态度、主观规范和行为控制的共同影响，进而决定了他们（农民）参与流域生态治理的意愿（行为）。在 TPB 框架的基础上，本研究简化了中间环节（图 7 - 1 中虚线框的部分），直接分析生态价值认知（包括市场价值认知和非市场价值认知）对农民参与流域生态治理意愿（决策行为）的影响。

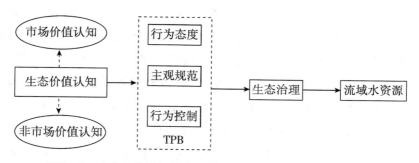

图 7 - 1　生态价值认知影响公众参与生态治理意愿的作用机理

第二节　模型构建与数据概况

一、模型构建

根据前文的分析，农民的生态价值认知主要分为市场价值认知和非市场价值认知两个方面。在实证分析过程中，每个方面又需要用多个指标来衡量。而农民参与生态治理的意愿除了可以用其对流域生态环境改善的支付意愿水平来衡量以外，还可以用其对流域生态治理付费必要性的认知来衡量。由于生态价值认知（解释变量）和参与流域生态治理意愿（被解释变量）均包含多个指标，故传统的多元回归方法和 Logistic 回归方法不适合用来分析本章主题。本章研究将采用适合对多原因、多结果问题进行处理的结构方程模型（Structural Equation Model，SEM）。这一方法区别于普通回归方法的最大优点是可以同时处理多个解释变量，且容许解释变量和被解释变量含有测量误差，并将这种测量误差纳入模型，其估计结果更为准确（罗必良，2009）。本章研究中 SEM 的具体形式如下：

$$\eta = B\eta + \varGamma\xi + \zeta \qquad\qquad （式7-1）$$

$$Y = \varLambda_y\eta + \varepsilon \qquad\qquad （式7-2）$$

$$X = \varLambda_x\xi + \delta \qquad\qquad （式7-3）$$

式 7-1 中，η 为内生潜变量，表示农民参与流域生态治理意愿；ξ 为外生潜变量，指农民的市场价值认知和非市场价值认知。通过 B（内生潜变量的系数矩阵）、$\varGamma$（外生潜变量的系数矩阵）以及 ζ（η 未能被解释的部分），结构方程把内生潜变量和外生潜变量联系起来。潜变量可以由观测变量来反映，式 7-2 和式 7-3 为测量方程，反映潜变量与观测变量之间的一致性关系。其中，Y 为内生潜变量 η 的观测变量向量，X 为外生潜变量 ξ 的观测变量向量，$\varLambda_x$ 为外生潜变量与其观测变量的关联系数矩阵，$\varLambda_y$ 为内生潜变量与其观测变量的关联系数矩阵，ε、δ 均表示残差项。

本章采用上述结构方程模型来分析生态价值认知对农民参与流域生态治理意愿的影响。模型中包含"参与流域生态治理意愿""市场价值认知"和"非市场价值认知"3 个潜变量，另有受访者性别、年龄、受教育程度、家庭农业劳动力占比 4 个控制变量。其中，"参与流域生态治理意愿"由流域生态治理付费必要性认知（PAY）和支付意愿水平（WTP）两个观测变量来测度；根据 Groot 等（2000）的研究，生态系统服务可以分为调节服务、栖息地服务、生产服务和信息服务。流域生态系统可以提供在市场上实现其价值的商品和服务（例如食物、木材、清洁水等）以及各种非实物型的生态系统服务（史恒通和赵敏娟，2015）。研究中在选择具体指标来测度生态价值认知时，还需要结合渭河流域（陕西省内）生态系统服务的实际情况。经过咨询生态学相关专家，渭河流域（陕西省内）生态系统服务功能的改善目前主要体现在流域水质、水量和农田灌溉条件（这三者反映了流域生态系统服务的市场价值）以及流域内植被覆盖、野生动物栖息地和流域内水生生物多样性（这三者反映了流域生态系统服务的非市场价值）方面。因此，本章研究将"市场价值认知"用水质改善的重要性认知（MV1）、水量改善的重要性认知（MV2）和农田灌溉条件改善的重要性认知（MV3）3 个观测变量来测度，将"非市场价值认知"用流域内植被覆盖改善的重要性认知（NMV1）、野生动物栖息地改善的重要性认知（NMV2）和水生生物多样性改善的重要性认知（NMV3）来测度，生态价值认知对农民参与流域生态治理意愿影响的分析框架如图 7-2 所示。

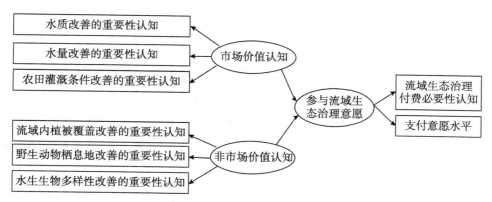

图 7-2 生态价值认知对农民参与流域生态治理意愿影响的分析框架

二、数据概况

1. 数据来源与样本基本特征

本章研究所用数据来源于课题组于 2012 年 12 月在渭河流域（陕西省内）开展的入户调查。根据《渭河流域重点治理规划》中渭河流域（陕西省内）的水质情况，课题组从流域中上游到下游共抽取宝鸡市金台区、咸阳市秦都区、渭南市临渭区和华阴市 4 个样本区（市）进行调查。课题组在每个样本区（市）中随机抽取 3 个乡镇，在每个乡镇随机抽取 3 个村，在每个村随机抽取 12 ~ 14 户农户作为样本农户。调查采取调查员一对一入户调查的方式进行，共发放问卷 473 份，剔除无效样本后，剩余有效问卷 456 份，有效率为 96.41%。

从调查后的统计结果可以看出，样本农户具有以下特征：第一，样本农户中的农民（以下简称农民）对流域生态系统服务的价值有一定水平的认知，认为对流域生态治理付费是"必要"和"非常必要"的农民合计占 44.29%，农民的支付意愿水平以 200 元以下和 200 ~ 300 元为主。第二，在对流域生态系统服务市场价值的认知中，农民对水质改善的重要性认知水平最高，认为水质改善的重要性为"重要"和"非常重要"的农民占 86.84%；在对流域生态系统服务非市场价值的认知中，农民对流域内植被覆盖改善的重要性认知水平最高，认为流域内植被覆盖改善的重要性为"重要"和"非常重要"的农民占 58.12%。第三，样本农户中的农民受教育程度相对较低，受教育程度为初中与小学及以下的农民占 72.15%，这种状况可能影响到农民参与流域生态治理的意愿。第四，样本农户中家庭农业劳动力占比较低，这一占比在 0.6 以下的为 73.69%，这与该流域整体的实际状况相符，即农村外出务工人口较多，部分壮年劳动力只有在农忙时节才回家参与农业劳动，样本农户的基本特征描述如表 7 - 1 所示。

表7-1　　　　　　　　　　　　样本农户的基本特征描述

指标	选项	人数	比例（%）	指标	选项	人数	比例（%）
流域生态治理付费必要性认知	非常不必要	92	20.18	水质改善的重要性认知	非常不重要	14	3.07
	不必要	46	10.09		不重要	5	1.10
	一般	116	25.44		一般	41	8.99
	必要	123	26.97		重要	52	11.40
	非常必要	79	17.32		非常重要	344	75.44
支付意愿水平	200元以下	182	39.91	水量改善的重要性认知	非常不重要	23	5.04
	200~300元	108	23.69		不重要	46	10.09
	300~400元	97	21.27		一般	116	25.44
	400~500元	23	5.04		重要	103	22.59
	500元以上	46	10.09		非常重要	168	36.84
性别	男	315	69.08	农田灌溉条件改善的重要性认知	非常不重要	17	3.73
					不重要	14	3.07
					一般	40	8.77
	女	141	30.92		重要	78	17.11
					非常重要	307	67.32
年龄	25岁以下	16	3.51	流域内植被覆盖改善的重要性认知	非常不重要	39	8.55
	25~35岁	50	10.96		不重要	49	10.74
	35~45岁	117	25.66		一般	103	22.59
	45~55岁	140	30.70		重要	147	32.24
	55岁及以上	133	29.17		非常重要	118	25.88
受教育程度	小学及以下	78	17.11	野生动物栖息地改善的重要性认知	非常不重要	87	19.08
	初中	251	55.04		不重要	100	21.93
	高中或中专	109	23.91		一般	96	21.05
	大专	9	1.97		重要	96	21.05
	本科及以上	9	1.97		非常重要	77	16.89

指标	选项	人数	比例（%）	指标	选项	人数	比例（%）
家庭农业劳动力占比	0~0.2	47	10.31	水生生物多样性改善的重要性认知	非常不重要	88	19.30
	0.2~0.4	130	28.51		不重要	86	18.86
	0.4~0.6	159	34.87		一般	109	23.90
	0.6~0.8	79	17.32		重要	95	20.83
	0.8~1	41	8.99		非常重要	78	17.11

2. 变量描述与信度效度检验

从有关变量的均值可以看出，渭河流域（陕西省内）农民参与流域生态治理意愿较高，流域生态治理付费必要性认知的均值为 3.310，支付意愿水平的均值为 2.220，对非市场价值认知水平一般（相关变量的均值为 2.950 以上），且市场价值认知水平整体高于非市场价值认知水平。

为了确保量表的可靠性，本章研究采用 Cronbach's α 信度系数对量表信度进行检验。本章运用 SPSS（统计产品与服务解决方案）21.0 软件对市场价值认知、非市场价值认知、参与流域生态治理意愿 3 个变量及问卷整体量表进行了信度分析。结果显示，每个变量的 Cronbach's α 信度系数均在 0.600 以上，说明问卷和变量的信度较好[①]。为了衡量问卷整体的内在结构是否合理，本章进一步对变量进行了探索性因子分析。结果显示，3 个变量的各观测变量的标准因子载荷系数均大于 0.500，表明各变量内部一致性较好。说明问卷结构效度较好，适宜开展因子分析，变量描述与信度效度检验结果如表 7-2 所示。

---

① 一般而言，Cronbach's α 信度系数大于 0.600，即表示信度较好。

表 7-2　　　　　　　　　　变量描述与信度效度检验结果

变量类别	变量名称（代码）	变量含义与赋值	均值	标准差	标准因子载荷系数	Cronbach's α 信度系数
参与流域生态治理意愿	流域生态治理付费必要性认知（PAY）	"您认为对流域生态环境改善付费是必要的吗?"非常不必要=1，不必要=2，一般=3，必要=4，非常必要=5	3.310	1.360	0.717	0.657
	支付意愿水平（WTP）	"您愿意对流域生态环境改善支付多少费用?"200元以下=1，200~300元=2，300~400元=3，400~500元=4，500元以上=5	2.220	1.300	0.585	
市场价值认知	水质改善的重要性认知（MV1）	"您认为流域水质的改善重要吗?"非常不重要=1，不重要=2，一般=3，重要=4，非常重要=5	4.550	0.930	0.657	0.687
	水量改善的重要性认知（MV2）	"您认为流域水量的改善重要吗?"非常不重要=1，不重要=2，一般=3，重要=4，非常重要=5	3.760	1.190	0.652	
	农田灌溉条件改善的重要性认知（MV3）	"您认为农田灌溉条件的改善重要吗?"非常不重要=1，不重要=2，一般=3，重要=4，非常重要=5	4.410	1.030	0.558	
非市场价值认知	流域内植被覆盖改善的重要性认知（NMV1）	"您认为流域植被覆盖的改善重要吗?"非常不重要=1，不重要=2，一般=3，重要=4，非常重要=5	3.560	1.220	0.517	

续表

变量类别	变量名称（代码）	变量含义与赋值	均值	标准差	标准因子载荷系数	Cronbach's α 信度系数
非市场价值认知	野生动物栖息地改善的重要性认知（NMV2）	"您认为流域野生动物栖息地的改善重要吗?" 非常不重要 = 1，不重要 = 2，一般 = 3，重要 = 4，非常重要 = 5	2.950	1.370	0.542	0.611
	水生生物多样性改善的重要性认知（NMV3）	"您认为流域水生生物多样性的改善重要吗?" 非常不重要 = 1，不重要 = 2，一般 = 3，重要 = 4，非常重要 = 5	2.980	1.360	0.588	
控制变量	性别（Gen）	女性 = 0，男性 = 1	0.691	0.467	—	—
	年龄（Age）	<25 岁 = 1，25~35 岁 = 2，35~45 岁 = 3，45~55 岁 = 4，55 岁及以上 = 5	3.060	0.790	—	
	受教育程度（Edu）	小学及以下 = 1，初中 = 2，高中或中专 = 3，大专 = 4，本科及以上 = 5	2.180	0.810	—	
	家庭农业劳动力占比（F-labor）	0~0.2 = 1，0.2~0.4 = 2，0.4~0.6 = 3，0.6~0.8 = 4，0.8~1 = 5	3.560	1.200	—	

第三节 模型估计结果与分析

一、模型整体适配度检验

模型整体适配度检验是验证理论模型构建是否科学的重要依据。在样本数据符合模型构建要求的基础上，本章运用 AMOS 21.0 软件对结构方程模型进行拟合（吴明隆，2017）。从模型整体适配度检验指标来看（见表 7－3），在模型绝对拟合指数和相对拟合指数中，除 NFI 以外，其余各指标值均在建议的取值范围内，表明模型整体适配度良好，生态价值认知对农民参与流域生态治理意愿影响的模型整体适配度检验结果如表 7－3 所示。

表 7－3 生态价值认知对农民参与流域生态治理意愿影响的模型整体适配度检验结果

拟合指数	评价指标	建议值	模型估计值
绝对拟合指数	χ^2	越小越好	107.749
	χ^2/df	<3.000	2.293
	RMR	≤0.500	0.069
	RMSEA	≤0.050 拟合良好，≤0.080 拟合合理	0.053
	GFI	≥0.900 为优，≥0.800 尚可接受	0.965
	AGFI	≥0.900 为优，≥0.800 尚可接受	0.941
相对拟合指数	NFI	≥0.900 为优，≥0.800 尚可接受	0.787
	IFI	≥0.900 为优，≥0.800 尚可接受	0.868
	TLI	≥0.900 为优，≥0.800 尚可接受	0.806
	CFI	≥0.900 为优，≥0.800 尚可接受	0.862

二、农民参与流域生态治理意愿影响因素的 SEM 结果分析

市场价值认知和非市场价值认知两个变量对农民参与流域生态治理意愿的影

响分别在 10% 和 5% 的统计水平上显著，且方向为正（两者非标准化估计结果的路径系数分别为 0.382 和 0.230）。这一结果与前文理论分析相符，表明样本农户中的农民对渭河流域（陕西省内）生态价值认知（包括市场价值认知和非市场价值认知）水平的提高有助于提升其参与流域生态治理的意愿。同时，这一结果与李青等（2016）得出的公众市场价值认知对生态环境改善的支付决策行为具有正向影响以及 Halkos 和 Matsiori（2014）得到的公众非市场价值认知对水资源保护支付意愿具有正向影响的研究结论一致。

从标准化路径系数估计值来看，生态价值认知对农民形成参与流域生态保护与修复的意愿具有主导作用。进一步的分析表明，市场价值认知对农民参与流域生态治理意愿影响的标准化路径系数估计值为 0.195，高于非市场价值认知的标准化路径系数估计值（0.174），表明市场价值认知对农民参与流域生态治理意愿的影响要大于非市场价值认知的影响。同时，这一结果也反映出，农民在权衡是否愿意参与流域生态治理时，考虑得更多的是流域生态环境改善是否能够带来流域生态环境市场价值的提升。从前文的统计结果（见表 7 - 2）也可以看出，样本农户中的农民对渭河流域（陕西省内）生态系统服务市场价值的认知水平整体上要高于对非市场价值的认知水平，他们对渭河流域（陕西省内）水质改善、水量改善和农田灌溉条件改善的重要性认知的均值分别为 4.550、3.760 和 4.410，而对流域内植被覆盖改善、野生动物栖息地改善和水生生物多样性改善的重要性认知的均值分别为 3.560、2.950 和 2.980，他们对后者在认知水平上更低。从现实状况来看，渭河流域（陕西省内）水质、水量以及农田灌溉条件的改善与农民的生计直接相关，而流域内植被覆盖、野生动物栖息地和水生生物多样性的改善仅间接影响农民的生活。

进一步地，从生态价值认知各观测变量的影响来看，在流域生态系统服务市场价值认知方面，水质改善的重要性认知对市场价值认知的贡献最大（标准化路径系数估计值为 0.563），其次是农田灌溉条件改善的重要性认知（标准化路径系数估计值为 0.412），最后是水量改善的重要性认知（标准化路径系数估计值为 0.312）。这一结果表明，农民对流域生态系统服务市场价值重要性的考量依次体现为饮用水或灌溉用水的安全程度、农业生产用水的保障程度和水资源供给量的多少。在流域生态系统服务非市场价值认知方面，野生动物栖息地改善的重要性认知对非市场价值认知的贡献最大（标准化路径系数估计值为 0.873），其次是水生生物多样性改善的重要性认知（标准化路径系数估计值为 0.581），最后是流域内植被覆盖改善的重要性认知（标准化路径系数估计值为 0.451）。这一结果表明，农民对流域生态系统服务非市场价值重要性的考量依次体现为野生动物栖息地的保护、流域水环境的安全程度和地表的植被覆盖。

此外，从控制变量的影响来看，年龄对农民参与流域生态治理意愿有显著的负向影响，表明农民参与流域生态治理意愿随着年龄的增加而减弱。可能的原因是，随着年龄的增加，农民的身体健康状况和收入获取能力下降，从而其参与环境治理的意愿降低。性别对农民参与流域生态治理意愿有显著的正向影响。这表明，相较于女性农民，男性农民更可能具有参与流域生态治理的意愿。这一结论也验证了蒋磊等（2014）、何可等（2014）的研究结论，这可能是因为女性农民的生态价值认知水平相对偏低，进而影响了其参与流域生态治理的意愿。而在中国农村现实情况下，相较于农村女性劳动力，农村男性劳动力大量外出务工，其视野更广，对流域生态价值有更多认知。在此现实背景下，提高女性农民的生态价值认知水平能够促进农村生态环境治理。家庭农业劳动力占比对农民参与流域生态治理意愿具有显著的负向影响。产生这一结果的可能原因是，家庭农业劳动力占比越低，意味着家庭外出务工的劳动力所占比例越高，家庭收入水平可能越高，进而农民参与流域生态治理意愿越高。受教育程度对农民参与流域生态治理意愿有间接影响，这一间接影响的标准化路径系数的绝对值约为 0.021（0.123 × 0.174），其具体影响路径为：农民受教育程度→非市场价值认知→参与流域生态治理意愿。也就是说，受教育程度的提高将提升农民对流域生态系统服务非市场价值的认知，进而导致其参与流域生态治理意愿的提升，农民参与流域生态治理意愿影响因素的 SEM 估计结果如表 7 - 4 所示。

表 7 - 4   农民参与流域生态治理意愿影响因素的 SEM 估计结果

路径	非标准化估计结果			标准化路径系数估计值
	路径系数	标准差	临界比率值	
参与流域生态治理意愿←市场价值认知	0.382*	0.226	1.689	0.195
参与流域生态治理意愿←非市场价值认知	0.230**	0.109	2.113	0.174
PAY←流域生态治理参与意愿	1.000	—	—	0.535
WTP←流域生态治理参与意愿	1.069***	0.347	3.078	0.600

路径	非标准化估计结果			标准化路径系数估计值
	路径系数	标准差	临界比率值	
MV1←市场价值认知	1.406 ***	0.510	2.756	0.563
MV2←市场价值认知	1.000	—	—	0.312
MV3←市场价值认知	1.135 ***	0.350	3.244	0.412
NMV1←非市场价值认知	1.000	—	—	0.451
NMV2←非市场价值认知	2.168 ***	0.345	6.283	0.873
NMV3←非市场价值认知	1.436 ***	0.187	7.687	0.581
参与流域生态治理意愿←Age	-0.107 *	0.064	-1.680	-0.116
参与流域生态治理意愿←Gen	0.199 *	0.110	1.815	0.126
参与流域生态治理意愿←F-labor	-0.074 *	0.042	-1.745	-0.121
非市场价值认知←Edu	0.083 **	0.037	2.247	0.123

注：*、**和***分别表示在10%、5%和1%的统计水平上显著。

第四节　结论及政策启示

区别于已有文献从资本相关因素来研究农民参与流域生态治理意愿的影响因素，本章以渭河流域（陕西省内）为例，着重讨论了农民生态价值认知对其参与流域生态治理意愿的影响。同时，从生态系统服务价值的不同层面出发，主要分析了市场价值认知和非市场价值认知对农民参与流域生态治理意愿影响的差异。分析结果表明，生态价值认知对农民参与流域生态治理意愿具有显著的促进作用，且市场价值认知的影响大于非市场价值认知的影响。水质改善的重要性认知对市场价值认知的贡献最大，流域内植被覆盖改善的重要性认知对非市场价值认知的贡献最大。另外，年龄和家庭农业劳动力占比均对农民参与流域生态治理意愿有显著的负向影响；受教育程度通过影响非市场价值认知正向作用于农民参与流域生态治理意愿；相较于女性农民，男性农民具有更高的参与流域生态治理意愿。

　　根据以上研究结论，本章得出以下政策启示：第一，应大力宣传，不断提高农民的环境保护意识和流域生态价值认知水平。除了通过宣传牌、广播、电视、报刊等对节约资源、保护环境加以宣传，还有必要以多种形式就流域生态系统服务开展广泛的、直观的、与个体福祉相关的教育宣传，不断提高农民对流域生态价值的认知水平。第二，建立和完善以公众参与为基础的流域生态治理政策。流域生态治理政策的制定应充分考虑公众对流域生态系统服务功能的需求以及公众对流域生态系统服务市场价值认知和非市场价值认知的差异，优先提供那些公众对其价值认知水平较高的流域生态系统服务。

第八章　社会资本对农民①参与流域生态治理行为影响分析

当前，我国农村正在全面转型，部分农村地区面临着农村生态环境恶化的严峻挑战。近几年来，随着农民生活水平的不断提高，部分农村地区污水污染问题也日益突出，农村的水生态环境问题亟待解决（中国社会科学院农村发展研究所，2017）。流域作为水生态环境的载体，往往承担着居民生活用水、工农业生产用水以及生态补水的重要功能，对当地生态环境的保护以及经济的可持续发展具有不可忽视的重要作用。然而，在实践中，农业水资源的过度开发利用以及农业面源污染造成的一系列流域生态环境问题，已经对流域生态系统构成了严重的威胁（Isoda 等，2014）。已有研究指出，鼓励农民积极参与流域生态治理是解决流域生态系统不断恶化的有效着力点（Granovetter，1985）。因此，从微观的视角研究农民参与流域生态治理行为，并对其影响因素进行探讨，对改善农村生态环境、提高农民生活质量具有重要的实践价值。

从已有研究来看，公众参与流域生态治理的行为受到物质资本（柯水发和赵铁珍，2008；史恒通，2016）、人力资本（杨卫兵等，2015）以及生态价值认知（李青等，2016；Halkos 和 Matsiori，2014）等多重因素的影响。然而，将社会资本纳入分析框架并将其视为对公众参与流域生态治理行为的关键影响因素的研究，较为少见。因此，本章基于社会资本理论，以黑河流域（甘肃省内）为例，研究 3 个不同维度的社会资本核心要素（社会网络、社会信任、社会参与）对农民参与流域生态治理行为的影响。区别于已有文献，本章认为农民参与流域生态治理行为是一个复杂的决策过程，具体可分为参与意愿和参与程度两个研究阶段。基于此，本章通过选择合适的计量模型，分别探索不同社会资本要素对农民

---

① 本章中的农民更多地泛指接受调查的样本农户中的农民。

参与流域生态治理行为的影响，进一步为流域生态治理政策的制定和完善提供有力的微观实证依据。

第一节　文献回顾与理论框架

一、文献回顾

流域生态治理问题属于公共资源管理问题，具有集体行动属性，需要公众集体参与才能取得成效。国内外学者对农村集体行动的研究较为丰富，本章主要从社会资本的视角回顾农民参与集体行动的理论机理。

20 世纪 80 年代有关社会资本的研究进入了学者们的视野。经过数十年的研究，相关学者（Putnam，1994）普遍认为，以社会网络、社会信任和社会参与等为核心要素的社会资本，是破解集体行动困境的关键。相关学者（Anderson 等，1988）通过案例分析发现，人们在长期交往过程中形成的社会网络、社会信任及社会参与等社会资本，对解决农村集体行动中的"搭便车"行为具有重要作用。这些不同类型的社会资本对农民参与流域生态治理这样的农村集体行动的影响具有较大的差异，因此，有必要研究不同类型的社会资本对农民参与农村集体行动的影响。Bisung 等（2014）对肯尼亚公共水资源管理问题进行研究发现，社会网络和社会信任对农民参与农村集体行动具有显著的正向影响，且社会信任的影响明显大于社会网络的影响。颜廷武等（2016）通过对湖北农村农业废弃物资源化利用的研究发现，社会资本对农民参与农村集体行动具有显著的影响，且按照贡献度大小排序依次是制度信任、社会网络、人际信任和互惠规范。蔡起华和朱玉春通过研究三省区的农户参与小型农田水利设施维护行为，发现认知型社会资本（如社会信任）和结构型社会资本（如社会网络）均对农户参与农村集体行动具有显著的促进作用（蔡起华和朱玉春，2015）。

综上所述，社会资本对农民参与农村集体行动具有重要的影响，但鲜有文献研究社会资本对农民参与流域生态治理行为的影响。本研究认为，农民参与流域生态治理是一个较为复杂的决策过程，因此需要在区分各个决策过程的基础上探究不同类型的社会资本是如何影响农民参与流域生态治理行为的，即研究不同类型的社会资本对农民参与流域生态治理的各个决策过程的影响程度大小，以通过社会资本的研究破解农村集体行动困境，为农村生态环境治理开辟一条新的研究路径。

二、理论框架

农民参与流域生态治理行为是一个复杂的农村集体行动的决策过程，根据蔡起华和朱玉春（2016）的研究，可以将该复杂的决策过程分为两个阶段进行识别，即农民的参与意愿和参与程度。参与意愿是指农民是否愿意参与到流域生态治理中来，用实际行动对公共的水资源和环境进行保护。根据参与意愿，所有的农民可以被分为两类，即愿意参与流域生态治理的农民和不愿意参与流域生态治理的农民。在对参与意愿进行识别的基础上，参与程度体现的是愿意参与流域生态治理的农民之间的差异，即他们愿意在多大程度上参与流域生态治理这一农村集体行动。

社会网络是社会个体成员之间因为互动而形成的相对稳定的社会体系，它强调人们之间的互动和联系。根据嵌入性观点，行为个体做出决策时并不是完全独立的，其所在的社会网络对其行为决策具有一定的影响（Granovetter，1973）。在我国这样一个乡土关系相对复杂的社会环境中，农民的社会网络对其家庭生产经营和生活的影响更加突出（Bian，1997）。考虑到社会网络的异质性（Ostrom，1990），农民与社会网络成员之间联系的紧密程度会有一定的差异。因此，可以将社会网络区别为弱连接网络和强连接网络两种类型。弱连接网络相对较为开放，农民通过弱连接网络可以获得更多的信息内容和信息渠道，这有助于农民开拓视野，增强其认知水平，进而产生参与集体行动的行为（Granovetter，1985）。强连接网络相对较为封闭，农民之间通过人情关系的互帮互助产生长期、固定的社会交换，并可以在一定程度上降低农民在农村集体行动中的"搭便车"心理，从而促进参与集体行动行为的产生（Uzzi，1997）。

社会信任是指社会个体评估其他个体将来会采取的某一特定行动的主观概率，这种评估将会对社会个体的自身行动产生影响（Uslaner 和 Conley，2003）。农民的社会信任在一定程度上决定了其是否愿意付出信用或依靠他人的建议而行动，这将约束农民在流域生态治理过程中的"搭便车"心理，进而激励农民参与到流域生态治理过程中，提高农民参与流域生态治理的意愿。当农民选择参与流域生态治理时，农民的社会信任会导致参与者之间产生更多的互惠行为，获得社会声誉，进而带来更高的合作水平（Milinski 等，2002），从而更有利于农村集体行动的成功。社会信任又可以分为特殊信任和一般信任两种类型，前者主要表现为对亲戚、家族成员、本村村民等关系较为亲近的人的信任程度，后者主要表现为对陌生人员的信任程度。往往一般信任水平较高的农民更倾向于参与集体行动，而特殊信任水平较高的农民在参与集体行动过程中具有一定的负面作用。这是因为，一般信任水平较高的农民会具有更高的与其他人合作的意愿或倾向，其在参与流域生态治理过程中更乐于进行信息的交流和传递，但特殊信任水平较高的农民的决策行为容易受到其他人员的影响，这在一定程度上会增加农民对群体之外成员的不信任程度，进而降低农民与群体外成员的合作意愿，导致集体行动失败（蔡起华和朱玉春，2015）。

社会参与是指社会个体以某种方式参与、干预、介入集体的公共事务，从而影响社会的发展，具有鲜明的目的性和组织性（蔡起华和朱玉春，2016）。农民的社会参与程度越高，表明农民具有更高层次的关系网络，能够降低农民对环境的投资风险，进而增强农民参与流域生态治理的意愿，促进集体行动行为的产生（罗必良，2009）。根据社会参与的分类，可以将社会参与分为特殊参与和一般参与两种形式，前者指对个体身边事务的参与程度，后者指对更广范围的事务的参与程度。社会资本核心要素理论框架如图 8-1 所示。

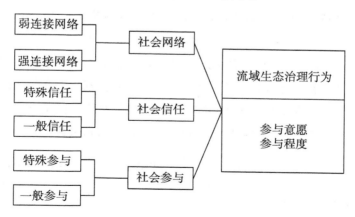

图 8-1　社会资本核心要素理论框架

第二节 模型、数据与变量

一、模型构建

由于调查样本中存在着相当数量的不愿意参与调查的个体，针对这一问题，计量经济学多采用 Tobit 模型（截尾回归模型）的处理方法（Tobin，1958），然而农民参与流域生态治理行为被分为参与意愿和参与程度两个阶段，Tobit 模型并不能解决本章流域生态治理行为中两个阶段决策的问题，故本章构建双栏模型（Double Hurdle Model，DHM）来处理这一计量经济学问题（Cragg，1971）。

首先，考察农民参与流域生态治理的意愿，可构建方程如下：

$$\text{Prob}[y_i = 0 \mid x_{1i}] = 1 - \varphi(x_{1i}\alpha) \qquad\qquad (式 8-1)$$

$$\text{Prob}[y_i > 0 \mid x_{1i}] = \varphi(x_{1i}\alpha) \qquad\qquad (式 8-2)$$

（式 8-1）表示农民参与流域生态治理的意愿为 0，（式 8-2）表示农民参与流域生态治理的意愿不为 0；$\varphi(\cdot)$ 为标准正态分布的累积函数，y_i 为因变量，表示农民支付意愿的大小，x_{1i} 为自变量，表示社会资本等变量，α 为相应的待估计系数，i 表示第 i 个观测样本。

其次，考察农民参与流域生态治理的程度，可构建方程如下：

$$E[y_i \mid y_i > 0, x_{2i}] = x_{2i}\beta + \delta\lambda(x_{2i}\beta/\delta) \qquad\qquad (式 8-3)$$

（式 8-3）中，$E[\cdot]$ 表示条件期望，表示农民参与流域生态治理的程度，$\lambda(\cdot)$ 为逆米尔斯比率，x_{2i} 为自变量，表示社会资本等变量，β 为相应的待估计系数，δ 表示截取正态分布的标准差，其他符号含义如前文所述。

基于（式 8-1）~（式 8-3），可建立如下对数似然函数：

$$\ln L = \sum_{y_i=0}\{\ln[1-\varphi(x_{1i}\alpha)]\} + \sum_{y_i>0}\Big\{\ln\varphi(x_{1i}\alpha) - \ln\varphi(x_{2i}\beta/\delta) - \ln(\delta) +$$

$$\ln\{\varphi[(y_i - x_{2i}\beta)/\delta]\}\Big\} \qquad\qquad (式 8-4)$$

（式 8-4）中，$\ln L$ 表示对数似然函数值，根据此式，利用极大似然估计法，可以得到本章所需的各相关参数。

二、数据说明

本章研究所使用的数据来源于课题组 2014 年 7—8 月在黑河流域（甘肃省内）开展的入户调查。调查利用分层抽样与简单随机抽样相结合的方法，共抽取了 5 个样本区（县）进行调查，包括甘肃省张掖市甘州区（中游）、民乐县（中游）、肃南裕固族自治县（中游）、高台县（中游）和内蒙古自治区阿拉善盟额济纳旗（下游）。整个调查过程采取调查员与受访者一对一的方式进行，共发放825 份调查问卷，剔除无效样本后共获得 801 份有效问卷，有效率约为 97.09%。调查问卷的主要内容包括以下 4 个方面：样本农户所在家庭及个人基本信息、样本农户中的农民对流域生态治理支付意愿的调查、样本农户家庭及所在村庄的社会资本调查以及基本的农业生产状况。

三、变量选取及描述

本章的因变量选取样本农户中的农民参与流域生态治理行为进行表征，具体可以分为两个因变量：一是农民参与流域生态治理的意愿，为二元虚拟变量，即有参与意愿赋值为 1，反之则赋值为 0；二是农民参与流域生态治理的程度，为连续型变量，即其具体的支付意愿大小。

本章的自变量可以分为两类，第一类是社会资本变量（核心自变量），包括社会网络、社会信任和社会参与 3 个细分维度。根据前面的理论分析和前人的研究经验，本章分别选取样本农户中的农民的手机联系人数量和遇到困难时能够找到的借钱帮助的人数作为弱连接网络和强连接网络变量；分别选取样本农户中的农民对邻居的信任程度和对陌生人的信任程度作为特殊信任和一般信任变量，另外，考虑到制度信任的作用，本调查多加了一个一般信任变量，即对村干部的信任程度；分别选取样本农户中的农民参加村里集体活动的程度和样本农户中的农民关注国家大事和社会新闻的程度作为特殊参与和一般参与变量。第二类自变量为控制变量，包括样本农户中的农民的性别、年龄、受教育程度以及样本农户的家庭非农收入和家庭人口数。其中，有关社会网络的变量均为连续变量，按照实际人数设置，有关社会信任和社会参与的变量均按照李克特量表的形式设置成离散变量。本章研究所用到的主要变量含义及其描述性统计如表 8 - 1 所示。

由表 8 - 1 可知，农民参与流域生态治理支付意愿（参与流域生态治理的程度）的均值为 174.895 元。社会网络中弱连接网络水平整体高于强连接网络水平。社会信任中特殊信任水平明显高于一般信任水平。社会参与中一般参与水平明显高于特殊参与水平。男性样本数量略大于女性样本数量，样本农户中的农民大多处于 45 岁以上，且受教育程度整体较低。样本农户家庭人口数大多在 4 人以上。样本农户家庭非农收入水平差异较大。

表 8 - 1 　　　　　　　　　　主要变量含义及其描述性统计

变量类别	变量名称	变量含义与赋值	均值	标准差	最大值	最小值
参与流域生态治理行为	参与流域生态治理的意愿	有参与意愿 = 1，无参与意愿 = 0	0.829	0.377	1	0
	参与流域生态治理的程度	参与流域生态治理支付意愿（元）	174.895	139.959	900	0
社会网络	弱连接网络	手机联系人数量（人）	76.762	207.489	4501	0
	强连接网络	遇到困难时能够借给您钱的人数（人）	7.325	8.999	99	0
社会信任	特殊信任	对邻居的信任程度：非常不信任 = 1，不信任 = 2，一般 = 3，信任 = 4，非常信任 = 5	3.713	0.763	5	1
	一般信任 1	对陌生人的信任程度：非常不信任 = 1，不信任 = 2，一般 = 3，信任 = 4，非常信任 = 5	1.820	0.867	5	1
	一般信任 2	对村干部的信任程度：非常不信任 = 1，不信任 = 2，一般 = 3，信任 = 4，非常信任 = 5	3.348	0.875	5	1

续表

变量类别	变量名称	变量含义与赋值	均值	标准差	最大值	最小值
社会参与	特殊参与	参加村中集体活动程度：从来不参加 = 1，偶尔参加 = 2，有时参加 = 3，参加 = 4，经常参加 = 5	2.879	1.127	5	1
	一般参与	关注国家大事和社会新闻程度：从来不关注 = 1，偶尔关注 = 2，有时关注 = 3，关注 = 4，经常关注 = 5	3.488	1.151	5	1
控制变量	性别 年龄 受教育程度	男 = 1，女 = 0	0.570	0.495	1	0
		受访农民的实际年龄（岁）	45.414	11.795	75	18
		小学及以下 = 1，初中 = 2，高中或中专 = 3，大专 = 4，本科及以上 = 5	1.873	0.973	5	1
	家庭非农收入 家庭人口数	家庭非农收入实际值（万元）	3.568	4.202	48.6	0
		家庭实际人口数（人）	4.137	1.383	9	1

第三节　模型估计结果分析

一、农民参与流域生态治理支付意愿水平分析

根据受访农民参与流域生态治理支付意愿累计频率分布统计，在 801 份有效问卷中，有 664 份问卷表示对参与流域生态治理具有支付意愿（$WTP > 0$），约占有效问卷总量的 82.9%。由此可见，黑河流域（甘肃省内）的农民具有较高的参与流域生态治理的意识。进一步来看，不同的农民参与流域生态治理的支付意

愿存在较大差异。在具有支付意愿的农民当中，支付意愿调整频度最大为每年每户 200 元（共计 135 人，约占比 20.3%），其次为每年每户 150 元（共计 104 人，约占比 15.7%）。根据受访农民各支付意愿值的投标值和投标概率，可计算出黑河流域（甘肃省内）农民参与流域生态治理支付意愿水平为 187.48 ~ 226.15 元/年①受访农民参与流域生态治理支付意愿累计频率分布如表 8 - 2 所示。

表 8 - 2　　　　受访农民参与流域生态治理支付意愿累计频率分布

WTP（元）	绝对频次（人）	相对频度（%）	调整频度（%）	累积频度（%）
< 50	5	0.6	0.8	0.8
50	77	9.6	11.6	12.4
100	98	12.2	14.7	27.1
150	104	13.0	15.7	42.8
200	135	16.9	20.3	63.1
250	70	8.7	10.5	73.6
300	96	12.0	14.4	88.0
350	4	0.5	0.6	88.6
400	25	3.1	3.8	92.4
450	3	0.4	0.5	92.9
500	41	5.1	6.2	99.1
> 500	6	0.8	0.9	100
愿意参与（WTP > 0）	664	82.9	100	/
拒绝参与（WTP = 0）	137	17.1	/	/
总计	801	100	/	/

二、社会资本对农民参与流域生态治理行为影响分析

本章运用双栏模型研究社会资本对农民参与流域生态治理行为的影响，农民

---

①　为了节省篇幅，此处省略了支付意愿的计算步骤，具体计算方法参考颜廷武等（2016）。

参与流域生态治理行为影响因素估计结果如表 8-3 所示。由表 8-3 的实证结果可知，模型 Wald 卡方值通过了 1% 的显著性水平检验，这在整体上说明实证模型对本章的数据分析是适用的。根据表 8-3 的估计结果，本章分别从社会网络、社会信任、社会参与和控制变量 4 个方面阐述农民参与流域生态治理行为的微观影响效应。

表 8-3　　　　　　　农民参与流域生态治理行为影响因素估计结果

自变量		因变量	
		参与意愿	参与程度
社会网络	弱连接网络	0.002* (0.001)	0.035 (0.028)
	强连接网络	0.037*** (0.011)	1.713** (0.741)
社会信任	特殊信任	-0.316*** (0.080)	10.775 (10.045)
	一般信任 1	0.108* (0.067)	20.621** (8.383)
	一般信任 2	-0.066 (0.067)	-14.335* (8.394)
社会参与	特殊参与	0.113** (0.052)	-5.559 (6.714)
	一般参与	0.113** (0.053)	2.064 (6.954)
控制变量	性别	0.217* (0.128)	18.440 (15.358)
	年龄	-0.004 (0.006)	-0.797 (0.725)
	受教育程度	0.150* (0.077)	17.459** (8.135)
	家庭非农收入	0.012 (0.014)	2.513 (1.648)
	家庭人口数	0.027 (0.042)	1.070 (5.293)
常数项		1.129** (0.474)	136.869** (57.420)
样本量 N		801	
对数似然值		-4412.916	
Wald 卡方值		61.720***	

注：*、**和***分别表示在 10%、5% 和 1% 的统计水平上显著，括号内数值为回归标准误差。

1. 社会网络

估计结果显示，社会网络对农民参与流域生态治理行为有正向的影响。其中，强连接网络对农民参与流域生态治理的意愿和程度均有显著的正向影响，弱连接网络对农民参与流域生态治理的意愿有显著的正向影响。整体来看，农民的社会网络水平可以显著提升其参与流域生态治理行动的概率，也可以显著提升其参与流域生态治理的支付意愿。主要原因是，社会网络水平较高的农民能够更好地获得和分享信息资源，网络成员个体之间存在一定的监督和约束机制，这将有利于提升其参与农村集体行动的参与程度。这一发现与 Ostrom（1990）在最初对集体行动进行研究讨论的研究结果一致。

分开来看，强连接网络对农民参与流域生态治理的意愿和程度均有显著的正向影响，且分别在 1% 和 5% 的水平上显著。拥有较高强连接网络的农民一般拥有更牢固的社会资源，在参与流域生态治理的过程中能够更好地发挥其较强的沟通能力和带动能力，进一步激励其他农民参与流域生态治理这一农村集体行动。弱连接网络对农民参与流域生态治理的意愿有显著正向（10% 水平上显著）影响，对农民参与流域生态治理的程度影响不显著。拥有较高弱连接网络的农民一般拥有更开阔的视野，对当前不断恶化的生态环境具有更高的认知水平，能够清楚地意识到流域生态治理在农村可持续发展中占据的重要作用，因此在参与流域生态治理的意愿上更容易达成共识。

2. 社会信任

在社会信任中，以"对邻居的信任程度"表征的特殊信任变量对农民参与流域生态治理的意愿有显著的负向影响（1% 水平上显著），对农民参与流域生态治理的程度影响不显著。以"对陌生人的信任程度"表征的一般信任变量（一般信任 1）对农民参与流域生态治理的意愿和程度均有显著的正向影响，且分别在 10% 和 5% 水平上显著。当农民对同村的其他农民信任程度高时，也能在一定程度上提升农民在参与流域生态治理过程中的"搭便车"的心理倾向，使其较难表现出良好的参与者之间的互惠行为，因此特殊信任对农民参与流域生态治理的意愿表现出了显著的负向影响，即农民的特殊信任水平越高，其参与流域生态治理的意愿越低。而当农民对陌生人的信任程度越高时，体现为农民的开放程度越高，农民之间的信息交流和资源共享程度也更加顺畅，这在一定程度上降低了农民之间合作的交易成本，因此对农民参与流域生态治理的意愿和程度均有一定的促进作用。

另外，本章用"对村干部的信任程度"表征农民的制度信任（一般信任 2）对农民参与流域生态治理行为的影响。估计结果表明，制度信任对农民参与流域生态治理的意愿影响不显著，对农民参与流域生态治理的程度有显著的负向影响（在10%水平上显著）。这表明，农民对村干部的信任程度越高，其参与流域生态治理的支付意愿越低。村干部往往在农村生态环境治理这样的集体行动过程中发挥着号召力和影响力的重要作用，农民对村干部的信任程度越高，往往越不容易受到"制裁的可信威胁"的有效制约（Klein，1990），因此有可能会降低农民在参与流域生态治理过程中的积极性。

3. 社会参与

在社会参与中，无论是以"参加村中集体活动程度"为表征的特殊参与还是以"关注国家大事和社会新闻程度"为表征的一般参与，均对农民参与流域生态治理的意愿有显著的正向影响（均在5%水平上显著），且均对农民参与流域生态治理的程度影响不显著。这表明，参加过村中集体活动和关注过国家大事、社会新闻的农民参与流域生态治理的意愿要高于没有参加过村中集体活动的农民和不关注国家大事、社会新闻的农民。经常参加村中集体活动的农民对其熟知的生活环境有较强的归属感，因此在参与流域生态治理这样的农村集体活动中也具有较高的积极性。经常关注国家大事和社会新闻的农民往往具有更加开阔的视野，对当前农村可能正在不断恶化的生态环境具有较高的认知水平，进而在参与流域生态治理这样的农村集体活动中也表现出较高的积极性。这一研究结论与颜廷武等（2016）有关湖北农村农业废弃物资源化利用投资意愿的研究结论一致。

4. 控制变量

在控制变量中，性别对农民参与流域生态治理的意愿有显著的正向影响（在10%水平上显著），但对农民参与流域生态治理的程度影响不显著。这表明，与女性农民相比，男性农民在参与流域生态治理过程中具有较高的参与意愿。这一结果与何可等（2015）、史恒通等（2017）的研究结论一致。一种可能的解释是，我国农村现实情况下，男性农民作为家中的主要收入来源，大量外出务工，因此，他们往往具有更加开阔的视野，对生态环境保护的重要性具有更高的认知水平，进而男性农民在参与流域生态治理过程中具有更高的参与意愿。

从表8-3的估计结果还可以看出，受教育程度作为典型的人力资本，对农民参与流域生态治理的意愿和程度均具有显著的正向影响，且分别在10%和5%水平上显著。这表明，文化程度越高的农民，其参与流域生态治理的意愿和程度越高。这一研究结论与韩洪云等（2016）、史恒通等（2018）的研究结论一致。一种合理的解释是，相对于受教育程度较低的农民，受教育程度较高的农民眼界更加开阔，更容易接受新的事物，对流域生态治理在我国农村转型发展过程中的重要作用具有更深层次的了解，因而体现出更加强烈的参与流域生态治理的意愿。

三、稳健性检验

为了检验表8-3中估计结果的稳健性，本章采用新的指标对社会资本中的个别变量进行替换，进而重新估计社会资本对农民参与流域生态治理的意愿和程度的影响效应，稳健性检验估计结果如表8-4所示。其中，对社会网络中的弱连接网络用"农民是否使用网络"来表征，对社会信任中的一般信任2用"对当地政府的信任程度"来表征。表8-4中的估计结果与表8-3中的估计结果（影响方向、大小和显著程度）基本一致，说明本章的实证分析结果较为稳健。

表8-4　　　　　　　　　　　稳健性检验估计结果

自变量		因变量	
		参与意愿	参与程度
社会网络	弱连接网络	0.393*** (0.152)	21.983 (16.523)
	强连接网络	0.040*** (0.011)	1.756** (0.728)
社会信任	特殊信任	-0.298*** (0.080)	8.168 (10.017)
	一般信任1	0.106 (0.067)	20.576** (8.409)
	一般信任2	-0.109 (0.067)	-5.015 (8.417)
社会参与	特殊参与	0.125** (0.052)	-6.640 (6.714)
	一般参与	0.108* (0.054)	1.708 (7.005)
样本量 N		801	
对数似然值		-4411.242	
Wald 卡方值		66.620***	

注：*、**和***分别表示在10%、5%和1%的统计水平上显著，括号内数值为回归标准误差。为节省篇幅，表8-4中未对控制变量和常数项的回归结果做出报告。

第四节　结论及政策启示

　　本章以黑河流域（甘肃省内）为例，基于801份问卷的微观调查数据，运用双栏模型实证研究了社会资本对农民参与流域生态治理行为（参与意愿和参与程度）的影响。研究结果表明，黑河流域（甘肃省内）农民对参与流域生态治理具有较强的支付意愿，82.9%的样本农民对参与流域生态治理具有支付意愿，且支付意愿水平为187.48～226.15元/年。社会网络和社会参与对农民参与流域生态治理的意愿有显著的促进作用，强连接网络对农民参与流域生态治理的程度也有显著的促进作用；一般信任（一般信任1）对农民参与流域生态治理的意愿和程度均具有显著的促进作用，特殊信任对农民参与流域生态治理的意愿有显著的抑制作用。同时，农民受教育程度对其参与流域生态治理的意愿和程度均具有显著的正向影响；与女性农民相比，男性农民具有更强的参与流域生态治理的意愿。

　　根据以上研究结论，本章得出以下政策启示：首先，社会资本作为一种内在的激励机制，在促进农民参与流域生态治理这样的农村集体行动方面具有较重要的作用，因此，有必要将农村社会资本制度化，作为农民参与集体行动的内在约束。在具体实施过程中，通过强化构建农村基层组织网络，如用水保护协会、农民专业合作社等，积极发挥农民社会网络和社会参与的重要作用，有利于提升农民参与流域生态治理的意识和行为贡献度。其次，为了更好地培育农村社会资本，以提高农民集体行动的效率，需要加强农村公共文化服务建设，通过文化活动小组和相关知识培训等活动，加强农民之间的沟通，完善互惠共享的社会规范，提升农民之间的一般信任水平。最后，大力发展我国农村地区的基础教育，不断提高农民的文化教育水平，也是提升农民参与流域生态治理行为的有效着力点。

第九章　研究结论与讨论

本章的主要内容是在前几章实证研究的基础上，总结研究结论进而对研究结论进行讨论。本研究基于以往研究构建了异质性视角下农户（民）参与流域生态治理行为的研究框架，并揭示了生态价值认知和社会资本对农户（民）参与流域生态治理意愿及参与流域生态治理行为的影响，提出了一系列理论假设。实证检验的结果表明大多数理论假设得到验证。本章在总结研究结论的基础上，对研究结论展开讨论，探讨假设成立与否的原因，进而探讨研究结论的理论意义和现实意义，再次强调本研究的创新点，总结本研究的局限性并为未来研究提出建议。

第一节　本研究的主要结论

本研究以农户（民）行为理论为基础，结合对农户（民）参与流域生态治理行为的理解，从集体行动中农户（民）异质性视角出发，研究了农户（民）参与流域生态治理行为以及影响农户（民）参与流域生态治理行为的异质性因素，结合本研究的目的与主要研究问题，研究的主要结论可归纳如下：

1. 关于农户（消费者）参与流域生态治理行为的研究结论

本研究以黑河流域（甘肃省内）为例，运用计量模型测算了农户（消费者）参与流域生态治理的支付意愿，并验证了农户（消费者）对流域生态系统服务的消费偏好。研究得出结论：农户（消费者）对流域生态系统服务各生态指标的改善往往具有较强的偏好，且在农户（消费者）之间存在显著的偏好异质性。这种在农户（消费者）之间存在的偏好异质性可以表现为连续形式，也可以表现为离散形式。根据连续性偏好的特点，可以看出农户（消费者）对流域生态系统服务各生态指标的改善偏好存在显著的差异。根据离散型偏好的特点，可以将农户（消费者）分成不同的组别，进而分析不同组别农户（消费者）对流域生态系统服务各生态指标改善之间的差异。

通过对隐含价格的测算，可以得出农户（消费者）对不同的生态指标改善的支付意愿。通过对补偿剩余的测算，可以得出农户（消费者）对流域生态系统服务整体改善的平均支付意愿，而通过该平均支付意愿的值，可以估算流域生态系统服务的非市场价值，进而对流域生态补偿和流域生态治理政策的制定产生指导意义。

2. 关于生态价值认知对农民参与流域生态治理意愿影响的研究结论

本研究以渭河流域（陕西省内）为例，运用结构方程模型分析了生态价值认知对农民参与流域生态治理意愿的影响。研究得出以下主要结论：生态价值认知对农民参与流域生态治理的意愿往往具有显著的促进作用，且市场价值认知的影响大于非市场价值认知的影响。农民往往更重视生态系统服务的市场价值（如流域水质的改善、流域水量的改善以及流域农田灌溉条件的改善），而忽略了那些同样重要的生态系统服务的非市场价值（如流域内植被覆盖的改善、野生动物栖息地的改善以及水生生物多样性的改善）。

另外，年龄和家庭农业劳动力占比均对农民参与流域生态治理的意愿有显著的负向影响；受教育程度通过影响非市场价值认知正向作用于农民参与流域生态治理的意愿；相较于女性农民，男性农民具有更高的参与流域生态治理的意愿。

3. 关于社会资本对农民参与流域生态治理行为影响的研究结论

本研究以黑河流域（甘肃省内）为例，运用双栏模型分析了社会资本对农民参与流域生态治理行为的影响，研究得出以下主要结论：总体来看，社会资本对农民参与流域生态治理行为具有显著的影响。社会网络和社会参与对农民参与流域生态治理的意愿有显著的促进作用，强连接网络对农民参与流域生态治理的程度也有显著的促进作用；一般信任（一般信任1）对农民参与流域生态治理的意愿和程度均具有显著的促进作用，制度信任（一般信任2）对农民参与流域生态治理的程度有显著的抑制作用，特殊信任对农民参与流域生态治理的意愿有显著的抑制作用。

另外，农民受教育程度对其参与流域生态治理的意愿和程度均具有显著的正向影响；与女性农民相比，男性农民具有更强的参与流域生态治理的意愿。这两点与研究生态价值认知对农民参与流域生态治理意愿影响时的结论一致。

第二节　讨论

一、农户（民）参与流域生态治理行为的讨论

经济学家在效用最大化理论的基础上，用支付意愿的测算来衡量生态系统服务各生态指标的改善给消费者带来的效用变化。本研究使用计量模型计算得到的总支付意愿（补偿剩余），代表了流域生态系统服务各生态指标的改善给农户（消费者）带来的收益。现阶段，我国流域生态补偿标准的制定大多是从流域生态治理成本的角度出发，得出的标准往往偏低，难以全面弥补流域生态补偿中受偿主体的损失。而支付意愿测算得到的流域生态系统服务各生态指标的改善即通过流域生态补偿带来的收益，也应该纳入流域生态补偿政策制定者的视野，将通过流域生态补偿带来的流域生态系统服务各生态指标改善的收益作为流域生态补偿标准的参考值，才能将流域生态系统服务的非市场价值考虑进来，真正体现出流域生态补偿的公平性和客观性。

本研究运用选择实验法进行实证分析的主要特点之一，就是能够体现出农户（消费者）对流域生态系统服务的偏好异质性，即不同的农户（消费者）对同一个流域生态系统服务各生态指标改善的偏好存在较大的差异，这种差异的表现形式可能是离散的，也可能是连续的。在制定和完善流域生态治理政策过程中，需要考虑到农户（消费者）之间的这种偏好异质性，进而针对不同群体制定差异化的流域生态治理政策，满足不同农户（消费者）群体对不同生态系统服务功能属性（生态指标）偏好之间的差异，以改变目前流域生态治理政策绩效评估相对较低的现状。

与假想市场法相比，使用选择实验法的一个优点在于该方法不仅能够测算出农户（消费者）对流域生态系统服务整体改善的平均支付意愿（补偿剩余），还能够测算出农户（消费者）对不同的生态指标改善的支付意愿（隐含价格）。进

一步地，通过测算隐含价格的显著程度和比较具体值的大小，可以看出农户（消费者）对各生态指标改善的需求程度。在进行流域生态治理时，应该优先关注隐含价格较高、改善的需求程度较为显著的生态指标。

二、生态价值认知对农民参与流域生态治理意愿影响的讨论

公众的环境价值认知一直是学界公认的正向影响公众环境保护行为的一个重要影响因素（任宏毅等，2018；史恒通和赵敏娟，2015；张玉玲等，2014；何可等，2014；余亮亮和蔡银莺，2015；Halkos 和 Matsiori，2014；Kotchen 和 Reiling，2000）。然而，较少有人从生态价值认知的视角出发，分析市场价值认知与非市场价值认知对影响公众环境保护行为的差异。本研究开创性的研究视角将为流域生态治理政策制定者提供有价值的参考。

从长期的流域生态治理来看，教育必然是提升流域居民尤其是农民生态价值认知的重要手段。因此，在乡村振兴的道路上，一方面，要培育一批懂生态、爱环境的高素质农民，不断提高农民的生态价值认知水平，进而规范农民的流域生态治理行为。另一方面，流域生态治理政策制定者也要关注流域居民尤其是农民对流域生态系统服务市场价值认知和非市场价值认知的差异，优先对那些生态价值认知度较高的流域生态系统服务进行改善和治理。

三、社会资本对农民参与流域生态治理行为影响的讨论

社会资本作为继物质资本、人力资本后的"第三大资本"，其在经济发展尤其是农村发展中的作用日益得到重视。社会资本作为一种内在的激励机制，对农民参与流域生态治理行为具有较强的促进作用。因此，有必要注重农村社会资本的培育，将农村社会资本制度化，使其成为农民参与集体行动的内在约束。

农村基层组织网络的培育是优化农民社会网络并鼓励农民进行社会参与的重要途径。基层组织网络（如用水协会、农民专业合作社等）一方面可以扩大农民社交的网络规模，使得农民在基层组织网络中与更多的"社会精英"和"专业能手"互通有无；另一方面可以增强农民社交的互动频率，使得农民有更多的机会与外界进行沟通交流，进而充分发挥社会网络中的学习效应，规范农民参与

流域生态治理等生态环境保护行为。

　　农村公共文化建设也是培育农村社会资本的重要途径。通过文化小组活动交流和相关知识技能培训等，可以加强农民之间的有效沟通，增强农民之间的社会信任水平，完善农民之间互惠共享的社会规范，进而规范农民参与流域生态治理的行为。

第三节　研究创新点

　　本研究的创新点主要归结为以下两点：

　　1. 在研究视角上具有一定的创新

　　研究以农户（民）异质性为切入点，分析农户（民）参与流域生态治理行为偏差的原因，并在对支付意愿进行测算和技术行为采纳问题研究的基础上，将农户（民）各方面的异质性综合纳入行为研究框架，构建基于农户（民）异质性的流域生态治理激励机制。从理论上解释了农户（民）参与流域生态治理行为的逻辑，补充了农户（民）异质性理论的研究内容，实践中对于巩固生态建设成果、促进更加可持续的水资源利用以及建立连贯的生态建设激励机制等，均具有实证参考价值。

　　2. 在研究方法上具有一定的创新

　　在典型案例研究的基础上，运用计量模型测算农户（消费者）参与流域生态治理的支付意愿，以此为切入点，对流域生态治理问题进行比较系统的研究。该研究方法不但可以实现流域生态治理中经济、社会和生态指标间不可直接比较与兼容的问题，而且可以使调研的指标合理地进入流域生态治理方案，反映出农户（消费者）对不同治理方案的支持程度。同时，本研究中的流域生态治理方案是在生态模型和经济模型结合的基础上转化而来的，具有坚实的理论基础。

　　运用统计学相关方法将不易观察和描述的生态价值认知和社会资本特征显化，构建表征生态价值认知和社会资本不同维度的指标和指标体系，将该指标纳入计量经济模型，考察流域生态系统服务供给的异质性效应，阐明生态价值认知和社会资本对农民参与流域生态治理意愿及参与流域生态治理行为的影响机理。

第四节　局限性与未来研究

本研究运用选择实验法研究农户（民）参与流域生态治理的行为，测算其参与流域生态系统服务（生态指标）改善的支付意愿，该方法也是目前国际上较为前沿的一种非市场价值评估主流方法。除选择实验法以外，目前国际上较为流行的一种测算生态系统服务非市场价值的方法便是效益转移法（Benefit Transfer，BT）。使用效益转移法的优点在于能够降低选择实验法所需的较高实验成本，但必须寻找适合的转移效益方程，转移前后的两个生态系统服务需具有较高的相似性。

本研究重点选取了生态价值认知和社会资本作为异质性研究的突破点，分析影响农户（民）参与流域生态治理行为的影响因素。实际上，在寻求破解农户（民）参与集体行动困境的难题上，还需要深层次挖掘其他影响农户（民）参与流域生态治理的异质性根源。同时，未来的研究需要结合奥斯特罗姆的公共治理理论和案例分析的方法对农户（民）参与流域生态治理行为这种集体行动进行深入的理论分析和较为翔实的实证分析。

参考文献

中文部分

［1］江永红，马中. 农民经济行为与环境问题研究［J］. 中州学刊，2008（3）：114－118.

［2］史恒通，睢党臣，徐涛，等. 生态价值认知对农民流域生态治理参与意愿的影响——以陕西省渭河流域为例［J］. 中国农村观察，2017（2）：68－80.

［3］马克斯·韦伯. 新教伦理与资本主义精神［M］. 张云江，译. 北京：中国社会科学出版社，2009.

［4］A. 恰亚诺夫. 农民经济组织［M］. 萧正洪，译. 北京：中央编译出版社，1996.

［5］葛继红，周曙东. 农业面源污染的经济影响因素分析——基于1978～2009年的江苏省数据［J］. 中国农村经济，2011（5）：72－81.

［6］赵永清，唐步龙. 农户农作物秸秆处置利用的方式选择及影响因素研究——基于苏、皖两省实证［J］. 生态经济（学术版），2007（2）：244－246，264.

［7］何可，张俊飚，张露，等. 人际信任、制度信任与农民环境治理参与意愿——以农业废弃物资源化为例［J］，管理世界，2015（5）：75－88.

［8］李武艳，张艺弘，王华，等. 农户耕地保护补偿方式选择偏好分析［J］. 中国土地科学，2018，32（7）：42－48.

［9］冉圆圆，武伟，刘洪斌，等. 氮磷钾缺施条件下山地玉米产量对生态

因子的响应［J］.广东农业科学，2018，45（3）：7-13，173.

［10］薛达元.长白山自然保护区生物多样性非使用价值评估［J］.中国环境科学，2000（2）：141-145.

［11］张志强，徐中民，龙爱华，等.黑河流域张掖市生态系统服务恢复价值评估研究——连续型和离散型条件价值评估方法的比较应用［J］.自然资源学报，2004（2）：230-239.

［12］徐中民，张志强，龙爱华，等.额济纳旗生态系统服务恢复价值评估方法的比较与应用［J］.生态学报，2003，23（9）：1841-1850.

［13］梁爽，姜楠，谷树忠.城市水源地农户环境保护支付意愿及其影响因素分析——以首都水源地密云为例［J］.中国农村经济，2005（2）：55-60.

［14］郑海霞，张陆彪，涂勤.金华江流域生态服务补偿支付意愿及其影响因素分析［J］.资源科学，2010，32（4）：761-767.

［15］杨卫兵，丰景春，张可.农村居民水环境治理支付意愿及影响因素研究——基于江苏省的问卷调查［J］.中南财经政法大学学报，2015（4）：58-65.

［16］李青，薛珍，陈红梅，等.基于CVM理论的塔里木河流域居民生态认知及支付决策行为研究［J］.资源科学，2016，38（6）：1075-1087.

［17］史恒通，睢党臣，吴海霞，等.社会资本对农户参与流域生态治理行为的影响：以黑河流域为例［J］.中国农村经济，2018（1）：34-45.

［18］陈红.地方政府推进农户清洁生产的行为研究［J］.东北农业大学学报：社会科学版，2008（5）：17-20.

［19］鲁礼新，周杉，刘文升.农业补贴政策对农户行为和农村发展的影响分析［J］.特区经济，2005（8）：160-161.

［20］毛寿龙.公共事物的治理之道［J］.江苏行政学院学报，2010（1）：100-105.

［21］陈潭，刘建义.集体行动、利益博弈与村庄公共物品供给——岳村公共物品供给困境及其实践逻辑［J］.公共管理学报，2010，7（3）：1-9，122.

［22］赵晓峰.对我国市场经济和节约型社会内在契合度的研究［J］.经济问题探索，2007（2）：7-11.

［23］符加林，崔浩，黄晓红.农村社区公共物品的农户自愿供给——基于

声誉理论的分析 [J]. 经济经纬, 2007 (4): 106 – 109.

[24] 彭长生, 孟令杰. 异质性偏好与集体行动的均衡: 一个理论分析框架 [J]. 南开经济研究, 2007 (6): 142 – 150.

[25] 宋妍, 朱宪辰. 异质性 U 型曲线假说成立吗? 一种替代性说法 [J]. 管理工程学报, 2009, 23 (3): 90 – 96.

[26] 宋妍, 朱宪辰, 刘琦. 公共物品自发供给与个体的偏好异质性效应分析 [J]. 技术经济, 2007, 26 (5): 9 – 14, 103.

[27] 秦国庆, 朱玉春. 用水者规模、群体异质性与小型农田水利设施自主治理绩效 [J]. 中国农村观察, 2017 (6): 100 – 115.

[28] 丁冬, 王秀华, 郑风田. 社会资本、农户福利与贫困——基于河南省农户调查数据 [J]. 中国人口・资源与环境, 2013, 23 (7): 122 – 128.

[29] 王家龙. 激励理论的发展过程和趋势分析 [J]. 求实, 2005 (4): 48 – 50.

[30] 柯水发, 赵铁珍. 退耕还林工程实施机理及农户决策模式分析 [C] //中国林业技术经济理论与实践, 2008: 62 – 70.

[31] 郭秀锐, 毛显强. 中国土地承载力计算方法研究综述 [J]. 地球科学进展, 2000 (6): 705 – 711.

[32] 杨明洪. 退耕还林还草工程实施中经济利益补偿的博弈分析 [J]. 云南社会科学, 2004 (6): 64 – 68.

[33] 赵学平, 陆迁. 控制农户焚烧秸秆的激励机制探析 [J]. 华中农业大学学报 (社会科学版), 2006 (5): 69 – 72, 82.

[34] 马歇尔. 经济学原理・下卷 [M]. 陈良璧, 译. 北京: 商务印书馆, 2011.

[35] 柯水发, 赵铁珍. 农户参与退耕还林意愿影响因素实证分析 [J]. 中国土地科学, 2008 (7): 27 – 33.

[36] 布雷恩・威廉・克拉普. 工业革命以来的英国环境史 [M]. 王黎, 译. 北京: 中国环境科学出版社, 2011.

[37] 王觉非. 近代英国史 [M]. 南京: 南京大学出版社, 1997.

[38] 陈瑞杰. 试论 19 世纪中后期英国河流的污染和治理问题 [D]. 上海: 华东师范大学, 2008.

［39］刘萌．责任改变世界［M］．北京：北京工业大学出版社，2013．

［40］王丹，聂元军．英国政府推进企业社会责任的实践和启示［J］．改革与战略，2008，24（12）：204－207．

［41］唐娟，郭少青．英国城市水务立法百年历程及经验发现［J］．深圳大学学报：人文社会科学版，2019，36（6）：134－144．

［42］许建萍，王友列，尹建龙．英国泰晤士河污染治理的百年历程简论［J］．赤峰学院学报：汉文哲学社会科学版，2013，34（3）：15－16．

［43］洪富艳．中国生态功能区治理模式研究［D］．长春：吉林大学，2010．

［44］曹可亮．泰晤士河污染治理立法及其对我国的启示［J］．人大研究，2019（9）：46－51．

［45］王友列．英国泰晤士河水污染治理及对淮河流域的启示［D］．合肥：安徽大学，2016．

［46］秦虎，王菲．国外的环境保护［M］．北京：中国社会出版社，2008．

［47］邓可祝．美国环境执法的特点及对我国的启示［J］．科技与法律，2012（4）：43－47．

［48］张维平．美国环境教育法（91—516）［J］．国外法学，1988（5）：58－61．

［49］陈宗兴，刘燕华．循环经济面面观［M］．沈阳：辽宁科学技术出版社，2007．

［50］吴保光．美国国家公园体系的起源及其形成［D］．福建：厦门大学，2009．

［51］姚育胜．长江和密西西比河近40年航运发展比较研究［J］．武汉交通职业学院学报，2018，20（3）：6－13．

［52］李瑞娟，徐欣．长江保护可借鉴密西西比河治理经验［N］．中国环境报，2016－08－30（003）．

［53］曾睿．20世纪六七十年代美国水污染控制的法治经验及启示［J］．重庆交通大学学报（社会科学版），2014，14（6）：40－44．

［54］石峰，范纹嘉．美国环境影响评价和排污许可证制度研究［C］//．2015年中国环境科学学会学术年会论文集（第一卷）．［出版者不详］，2015：

874 – 877.

[55] 周金城, 胡辉敏, 黎振强. 密西西比河流域水质协同治理及对长江流域治理的启示 [J]. 武陵学刊, 2021, 46 (1)：52 – 58.

[56] 张鹏程. 20 世纪 70 年代美国环境保护运动研究 [J]. 黑河学刊, 2020, (01)：92 – 94.

[57] 陈诚. 巴西环境权的司法保障研究 [D]. 南京：南京大学, 2020.

[58] 吴献萍, 刘有仁. 环境犯罪立法特色与机制评析——以巴西为例[J]. 环境保护, 2018, 46 (21)：61 – 64.

[59] 焦立超. 濒危野生动植物种国际贸易公约第 18 届缔约方大会在瑞士日内瓦召开 [J]. 中国人造板, 2019, 26 (10)：44 – 45.

[60] 关于保护和改善环境的若干规定（试行草案）[J]. 工业用水与废水, 1974, (2)：38 – 41.

[61] 薛巧珍. 我国环境权入宪研究 [D]. 呼和浩特：内蒙古大学, 2020.

[62] 第六个五年计划的编制与实施（1981—1985 年）《我国五年计划编制与实施的历史回顾》连载之六 [J]. 中国产经, 2018 (8)：83 – 91.

[63] 青爱. 中国环境与发展十大对策 [J]. 南京农专学报, 2001 (2)：81.

[64] 王伟中.《中国 21 世纪议程》：迎接挑战的战略抉择与实践探索[J]. 中国科学院院刊, 2012, 27 (3)：274 – 279.

[65] 国务院关于环境保护若干问题的决定 [J]. 黑龙江科技信息, 1998 (2)：40.

[66] 落实第五次全国环境保护会议精神　全面推进"十五"环境保护工作——解振华局长在 2002 年全国环境保护工作会议上讲话摘要 [J]. 中国环保产业, 2002 (Z1)：1 – 5.

[67] 中国 21 世纪初可持续发展行动纲要（下）[J]. Beijing Review, 2008 (22)：49 – 56.

[68] 中国 21 世纪初可持续发展行动纲要（上）[J]. Beijing Review, 2008 (21)：49 – 56.

[69] 杨帆. 人类命运共同体视域下的全球生态保护与治理研究 [D]. 长春：吉林大学, 2020.

［70］赵金洋，张永良，李清峰，等. 促进万家企业节能低碳行动　建立能源管理体系和能源管理中心［J］. 资源节约与环保，2013（9）：3，5.

［71］任宏毅，陈伟，贺姝峒，等. "十三五"国家碳强度指标考核体系分析［J］. 资源节约与环保，2018（3）：33－34，44.

［72］刘再明. 聚焦重点领域监督　助力打赢蓝天保卫战［J］. 北京人大，2019（10）：37－38.

［73］陈颖，吴娜伟，董旭辉，等. 农业农村污染治理攻坚战的重点与难点解析——《农业农村污染治理攻坚战行动计划》解读［J］. 环境保护，2019，47（1）：8－11.

［74］林培.《城市黑臭水体整治工作指南》解读［J］. 建设科技，2015（18）：14－15，21.

［75］樊元生. 抓住新一轮政策机遇　推动民营节能环保企业发展——解读《关于营造更好发展环境　支持民营节能环保企业健康发展的实施意见》［J］. 财经界，2020（21）：1－2.

［76］吕姝萱. 绿色金融的理论内涵与实践研究——基于供给侧结构性改革视角下［J］. 中国集体经济，2021（29）：102－103.

［77］张军驰. 西部地区生态环境治理政策研究［D］. 杨凌示范区：西北农林科技大学，2012.

［78］刘海龙，石培基，李生梅，等. 河西走廊生态经济系统协调度评价及其空间演化［J］. 应用生态学报，2014，25（12）：3645－3654.

［79］陈翔舜，高斌斌，王小军，等. 甘肃省民勤县土地荒漠化现状及动态［J］. 中国沙漠，2014，34（4）：970－974.

［80］焦继宗. 民勤绿洲土地利用/覆盖时空演变及模拟研究［D］. 兰州：兰州大学，2012.

［81］孙栋元，杨俊，胡想全，等. 基于生态保护目标的疏勒河中游绿洲生态环境需水研究［J］. 生态学报，2017，37（3）：1008－1020.

［82］贺祥，赵毅，路京选. 治理黑河　修复额济纳绿洲［J］. 水利发展研究，2003（7）：31－33.

［83］江灏，王可丽，程国栋，等. 黑河流域水汽输送及收支的时空结构分析［J］. 冰川冻土，2009，31（2）：311－317.

［84］袁伟. 面向可持续发展的黑河流域水资源合理配置及其评价研究［D］. 杭州：浙江大学，2009.

［85］刘芳芳. 黑河流域水资源管理问题研究［D］. 兰州：甘肃农业大学，2015.

［86］加快黑河森林生态修复与建设［N］. 黑河日报，2014 － 06 － 18（003）.

［87］阎仲，武开义. 开启绿洲可持续发展新模式——绿洲论坛综述［N］. 甘肃日报，2010 － 07 － 19（005）.

［88］程滨，田仁生，董战峰. 我国流域生态补偿标准实践：模式与评价［J］. 生态经济，2012（4）：24 － 29.

［89］史恒通，赵敏娟. 生态系统服务功能偏好异质性研究——基于渭河流域水资源支付意愿的分析［J］. 干旱区资源与环境，2016，30（8）：36 － 40.

［90］杨欣，MICHAEL BURTON，张安录. 基于潜在分类模型的农田生态补偿标准测算——一个离散选择实验模型的实证［J］. 中国人口·资源与环境，2016，26（7）：27 － 36.

［91］史恒通，赵敏娟. 生态系统服务支付意愿及其影响因素分析——以陕西省渭河流域为例［J］. 软科学，2015，29（6）：115 － 119.

［92］王家庭，曹清峰. 京津冀区域生态协同治理：由政府行为与市场机制引申［J］. 改革，2014（5）.

［93］蒋磊，张俊飚，何可. 基于农户兼业视角的农业废弃物资源循环利用意愿及其影响因素比较——以湖北省为例［J］. 长江流域资源与环境，2014，23（10）：1432 － 1439.

［94］史恒通，赵敏娟. 基于选择试验模型的生态系统服务支付意愿差异及全价值评估——以渭河流域为例［J］. 资源科学，2015，37（2）：351 － 359.

［95］刘雪芬，杨志海，王雅鹏. 畜禽养殖户生态价值认知及行为决策研究——基于山东、安徽等6省养殖户的实地调研［J］. 中国人口·资源与环境，2013（10）：169 － 176.

［96］张玉玲，张捷，张宏磊，等. 文化与自然灾害对四川居民保护旅游地生态环境行为的影响［J］. 生态学报，2014，34（17）：5103 － 5113.

［97］何可，张俊飚，丰军辉. 基于条件价值评估法（CVM）的农业废弃物

污染防控非市场价值研究［J］. 长江流域资源与环境, 2014, 23 (2)：213 –219.

［98］余亮亮, 蔡银莺. 生态功能区域农田生态补偿的农户受偿意愿分析——以湖北省麻城市为例［J］. 经济地理, 2015, 35 (1)：134 –140.

［99］蔡志刚, 陈承明.《资本论》与西方经济学的价值理论比较［J］. 经济学家, 2001 (4)：38 –43.

［100］王卫东. 结构方程模型原理与应用［M］. 北京：中国人民大学出版社, 2010.

［101］吴明隆. 结构方程模型——AMOS 的操作与应用［M］. 重庆：重庆大学出版社, 2017.

［102］史恒通. 渭河流域粮食作物虚拟水贸易研究——基于非市场价值的视角［D］. 杨凌：西北农林科技大学, 2016.

［103］颜廷武, 何可, 张俊飚. 社会资本对农民环保投资意愿的影响分析——来自湖北农村农业废弃物资源化的实证研究［J］. 中国人口·资源与环境. 2016, 26 (1)：158 –164.

［104］蔡起华, 朱玉春. 社会信任、收入水平与农村公共产品农户参与供给［J］. 南京农业大学学报 (社会科学版), 2015, 15 (1)：41 –50, 124.

［105］蔡起华, 朱玉春. 社会资本、收入差距对村庄集体行动的影响——以三省区农户参与小型农田水利设施维护为例［J］. 公共管理学报, 2016, 13 (4)：89 –100, 157.

［106］罗必良. 现代农业发展理论［M］. 北京：中国农业出版社, 2009.

［107］韩洪云, 张志坚, 朋文欢. 社会资本对居民生活垃圾分类行为的影响机理分析［J］. 浙江大学学报 (人文社会科学版), 2016, 46 (3)：164 –179.

［108］俞振宁, 谭永忠, 吴次芳, 等. 耕地休耕研究进展与评述［J］. 中国土地科学, 2018, 32 (6)：82 –89.

［109］俞振宁, 谭永忠, 茅铭芝, 等. 重金属污染耕地治理式休耕补偿政策：农户选择实验及影响因素分析［J］. 中国农村经济, 2018 (2)：109 –125.

［110］张瑶. 转变经济增长方式和完善市场经济体制的思考［J］. 中国经贸导刊, 2010 (12)：95.

英文部分

［111］ SCHULTZ T W. Agricultural Economics（Economics and the Social Sciences：Transforming Traditional Agriculture）［J］. Science，1964，144.

［112］ ISODA N，RODRIGUES R，SILVA A，et al. Optimization of Preparation Conditions of Activated Carbon from Agriculture Waste Utilizing Factorial Design［J］. Powder Technology，2014，256（2）：175 – 181.

［113］ SAMUELSON P A. The Pure Theory of Public Expenditure［J］. The Review of Economics and Statistics，1954，36（4）：387 – 389.

［114］ JAKOBSSON K M，DRAGUN A K. Contingent valuation and endangered species［M］. Edward Elgar Publishing，1996.

［115］ LOOMIS J，KENT P，STRANGE L，et al. Measuring the total economic value of restoring ecosystem services in an impaired river basin：results from a contingent valuation survey［J］. Ecological Economics，2000，33（1）：103 – 117.

［116］ HITZHUSEN F J. Economic valuation of river systems［M］. Cheltenham，Edward Elgar Publishing，2007.

［117］ COSTANZA R，D'ARGE R，DE GROOT RD，et al. The value of the world's ecosystem services and natural capital［J］. Ecological Economics，1997，25（1）：3 – 15.

［118］ CRAGG J G. Some Statistical Models for Limited Dependent Variables with Application to the Demand for Durable Goods［J］. Econometrica，1971，39（5）：829 – 844.

［119］ MCFADDEN D L. Conditional Logit Analysis of Qualitative Choice Behavior［M］//ZAREMBKA EBP. Frontiers in Econometrics. New York：Academic Press，1974.

［120］ DHOYOS. The State of the Art of Environmental Valuation with Discrete Choice Experiments［J］. Ecological Economics，2010，69（8）：1595 – 1630.

［121］ ADAMOWICZ W L. Habit Formation and Variety Seeking in a Discrete

Choice Model of Recreation Demand [J]. Journal of Agricultural and Resource Economics, 1994, 19 (1): 19 – 31.

[122] HANLEY N, WRIGHT R E, BEGONA A F. Estimating the economic value of improvements in river ecology using choice experiments: an application to the water framework directive [J]. Journal of Environmental Management, 2006, 78 (2): 183 – 193.

[123] MORRISON M, BENNETT J, BLAMEY R, et al. Choice Modeling and Tests of Benefit Transfer [J]. American Journal of Agricultural Economics, 2002, 84 (1): 161 – 170.

[124] MORRISON M, BERLAND O. Prospects for the use of choice modelling for benefit transfer [J]. Ecological Economics, 2006, 60 (2): 420 – 428.

[125] JIANG Y, SWALLOW S K, MCGONAGLE M P. Context – Sensitive Benefit Transfer Using Stated Choice Models: Specification and Convergent Validity for Policy Analysis [J]. Environmental and Resources Economics, 2005, 31 (4): 477 – 499.

[126] HALKOS G, MATSIORI S. Exploring Social Attitude and Willingness to Pay for Water Resources Conservation [J]. Journal of Behavioral and Experimental Economics, 2014, 49: 54 – 62.

[127] BISUNG E, ELLIOTT SJ, SCHUSTER – WALLACE C J, et al. Social capital, collective action and access to water in rural Kenya [J]. Social Science & Medicine, 2014, 119 (1): 147 – 154.

[128] OLSON M. The Logic of Collective Action [M]. Cambridge MA: Harvard University Press, 1965.

[129] OSTROM E. Governing the Commons: The Evolution of Institutions for Collective Action [M]. Cambridge: Cambridge University Press, 1990.

[130] DAYTON – JOHNSON J. Irrigation organization in Mexican unidades de riego: Results of a field study [J]. Irrigation & Drainage Systems, 1999, 13 (1): 57 – 76.

[131] J O' NEILL. Ecology, Policy and Politics: Human Well Being and the Natural World [M]. London: Routledge, 1993.

[132] FALKINGER J, FEHR E, GACHTER S, et al. A Simple Mechanism for the Efficient Provision of Public Goods: Experimental Evidence [J] . The American E-conomic Review, 2000, 90 (1): 247 –264.

[133] SWALLOW S K , ANDERSON C M , UCHIDA E . The Bobolink Project: Selling Public Goods from Ecosystem Services Using Provision Point Mechanisms [J] . Ecological Economics, 2018, 143: 236 –252.

[134] LASTRA – BRAVO X B, HUBBARD C, GARROD G, et al. What drives farmers' participation in EU agri – environmental schemes?: Results from a qualitative meta – analysis [J] . Environmental Science & Policy, 2015, 54 (4): 1 –9.

[135] GREENE, W H. Econometric Analysis [M] . 5th Edition. New York: Prentice-Hall, 2003.

[136] GREENE, W H, HENSHER D A. Modeling Ordered Choices: A PRIMER [M] . Cambridge: Cambridge University Press, 2010.

[137] GROOT R D, PERK J V D, CHIESURA A, et al. Ecological Functions and Socioeconomic Values of Critical Natural Capital as a Measure for Ecological Integrity and Environmental Health [M] //CRABBÉ P, HOLLAND A, RYSZKOWSKI L, et al. Implementing Ecological Integrity. Berlin: Springer Netherlands, 2000: 191 –214.

[138] ICEK AJZEN. Attitudes, Personality And Behaviour [M] . 2th Edition. Maidenhead: Open University Press, 2005.

[139] PUTNAM R D. Making Democracy Work: Civic Traditions in Modern Italy [M] . Princeton: Princeton University Press, 1994.

[140] HENSHER D A, ROSE J M, GREENE W H. Applied Choice Analysis, A Primer [M] . Cambridge: Cambridge University Press, 2005.

[141] BROUWER R, MARTIN – ORTEGA J, BERBEL J. Spatial Preference Heterogeneity: A Choice Experiment [J] . Land Economics, 2010, 86 (3): 552 –568.

[142] KOSENIUS A K. Heterogeneous preferences for water quality attributes: The case of eutrophication in the gulf of Finland, the Baltic Sea [J] . Ecological Economics, 2010, 69: 528 –538.

[143] ANDERSON D A, BEN – AKIVA M, LERMAN S R. Discrete Choice A-

nalysis: Theory and Application to Travel Demand [J] . Journal of Business and Economic Statistics, 1988, 6 (2): 286.

[144] BOXALL P C, ADAMOWICZ W L. Understanding Heterogeneous Preference in Random Utility Models: A Latent Class Approach [J] . Environmental and Resource Economics, 2002, 23 (4): 421 - 446.

[145] KOTCHEN M J, REILING S D. Environmental Attitudes, Motivations, and Contingent Valuation of Nonuse Values: A Case Study Involving Endangered Species [J] . Ecological Economics, 2000, 32 (1): 93 - 107.

[146] SHI H T, ZHAO M J, AREGAY F A, et al. Residential Environment Induced Preference Heterogeneity for River Ecosystem Service Improvements: A Comparison between Urban and Rural Households in the Wei River Basin, China [J] . Discrete Dynamics in Nature and Society, 2016 (6): 1 - 9.

[147] GRANOVETTER M. Economic Action and Social Structure: The Problem of Embeddedness [J] . American Journal of Sociology, 1985, 91 (3): 481 - 510.

[148] JOHN G. RICHARDSON. Handbook of Theory and Research for the Sociology of Education [M] . New York: Greenwood Press, 1986.

[149] GRANOVETTER M. The Strength of Weak Ties [J] . American Journal of Sociology, 1973, 78 (6): 1360 - 1380.

[150] BIAN Y J. Bringing Strong Ties Back in: Indirect Ties, Network Bridges, and Job Searches in China [J] . American Sociological Review, 1997, 62 (3): 366 - 385.

[151] UZZI B. Errata: Social Structure and Competition in Interfirm Networks: The Paradox of Embeddedness [J] . Administrative Science Quarterly, 1997, 42 (2): 417 - 418.

[152] USLANER E M, CONLEY R S. Civic Engagement and Particularized Trust: The Ties that Bind People to their Ethnic Comm unities [J] . American Politics Research, 2003, 31 (4): 331 - 360.

[153] TOBIN J. Estimation of Relationships for Limited Dependent Variables [J]. Econometrica, 1958, 26 (1): 24 - 36.

[154] KLEIN D. The Voluntary Provision of Public Goods? The Turnpike Compa-

nies of Early America [J]. Economic Inquiry, 1990, 28 (4): 788 - 812.

[155] DENNIS C WILLIAMS. Guardian: EPA's Formative Years 1970 - 1973 [M]. Washington D. C: EPA Public Information Center, 1993.

[156] BOUMA J, BULTE E, SOEST D V. Trust and cooperation: Social capital and community resource management [J]. Journal of Environmental Economics and Management, 2008, 56 (2): 155 - 166.

[157] MILINSKI M, SEMMANN D, KRAMBECK H J. Reputation Helps Solve the 'Tragedy of the Commons' [J]. Nature, 2002, 415: 424 - 426.

[158] MACLEOD M, MORAN D, EORY V, et al. Developing Greenhouse Gas Marginal Abatement Cost Curves for Agricultural Emissions from Crops and Soils in the UK [J]. Agricultural Systems, 2010, 103 (4): 198 - 209.

[159] BISHOP R C, HEBERLEIN T A, KEALY M J. Contingent Valuation of Environmental Assets: Comparison with a Stimulated Market [J]. Natural Resources Journal, 1983, 23: 619 - 633.

[160] DAVIS R K. Recreation Planning as an Economic Problem [J]. Natural Resources Journal, 1963, 3 (3): 239 - 249.

[161] KRISTRÖM B. Spike models in contingent valuation [J]. American Journal of Agricultural Economics, 1997, 79 (3): 1013 - 1023.

[162] DAILY G C. Nature's Service: Societal Dependence on Natural Ecosystems [M]. Washington DC: Island Press, 1997.

[163] IMANDOUST S B, GADAM S N. Are people willing to pay for river water quality, contingent valuation [J]. International Journal of Environmental Science & Technology, 2007, 4 (3): 401 - 408.

[164] HAENER M K, DOSMAN D, ADOMOWICZ W L, et al. Can Stated Preference Methods be used to Value Attributes of Subsistence Hunting by Aboriginal Peoples? A Case Study in Northern Saskatchewan [J]. American Journal of Agricultural Economics, 2001, 83 (5): 1334 - 1340.

附录　渭河流域水资源价值调查

一、人类活动对渭河水环境影响

1. 请您对下面事件的重要程度排序。

"1"表示最为不重要，"2"表示不重要……"7"表示最为重要（每个数字用一次）。

序号	事件	重要性排序（1~7）
1	居住地的生态环境	
2	水资源管理	
3	贫穷与饥饿	
4	基础设施（公路、服务设施等）	
5	经济增长和就业	
6	教育	
7	医疗	

2. 渭河流域治理中，您认为下面这些事情的重要程度如何。

序号	项目	根本不重要……很重要				
		1	2	3	4	5
1	水的质量（例如，清洁度）					
2	水的流量					
3	流域内的景色（例如，可供游玩）					
4	流域内的植被覆盖					

续表

序号	项目	根本不重要……很重要				
		1	2	3	4	5
5	野生动物的栖息地					
6	水中的鱼类					
7	生态环境和食物链					
8	灌溉条件					
9	水力发电					
10	自家为此支付一定费用的必要性					

3. 您认为下面这些事情重要性的顺序是怎样的？

"1"表示最为不重要，"2"表示不重要……"7"表示最为重要（每个数字用一次）。

生态指标	含义	重要性排序（1~7）
供应水量、水质	向集水区、水库等处提供的水量大小、水的清洁度	
农业、工业用水	为农业、工业生产提供水资源	
水土流失治理	减少裸露的土壤被雨水冲走，降低地表层被侵蚀程度	
植被恢复	地表森林、草地、灌木等植被数量	
栖息地	为野生动物提供适宜的生存空间	
育雏、迁徙地	为动物提供繁殖、育雏、迁徙的场所	
野生动植物种类	健康生存的野生动植物种类	
享受景色	吸引人的特色景观	
休闲娱乐	为人提供生态旅游、钓鱼、户外运动等游乐活动的场所数	

二、渭河流域水生态环境变化与选择

1. 10 年后生态环境变化和选择

- SET ID 1

评估指标	现状	方案 1	方案 2
林地覆盖比率	30%	31%（+1%）	33%（+3%）
水质级别	4.5 级	4 级	4.5 级
渭河流域人均水量 （占全国平均水平百分比）	15%	15%（+0%）	17%（+2%）
流域内水土流失治理面积 （现状治理：10.36 万平方千米）	80%	90%（+10%）	88%（+8%）
水土流失强度	中度（=3）	偏轻（=2）	轻度（=1）
自然景观占比	20%	30%（+10%）	20%
生态安全级别	3.5 级	3.0 级	3.0 级
您家愿意为此付费（每年）	0	100 元	100 元
请选择其中的一项	☐	☐	☐

水质级别：

2 级水：较清洁，经常规净化处理可成为饮用水；

3 级水：适用于集中式生活饮用水、一般鱼类保护区及游泳区；

4 级水：工业用水、农业用水，不可饮用、游泳，无鱼类等；

5 级水：不可灌溉、不可饮用。

生态安全级别：

1 级：安全状态，生态环境未受到干扰破坏，基本没有生态问题，生态灾害少。

2 级：较安全状态，生态环境较少破坏，生态问题不严重，生态灾害不大。

3 级：预警状态，生态环境受到一定破坏，生态问题显现，生态灾害时有发生。

4 级：中度预警状态，生态环境受到较大破坏，退化较严重，生态灾害较多。

2. 10 年后生态环境变化和选择

- SET ID 2

评估指标	现状	方案1	方案2
林地覆盖比率	30%	33%（+3%）	31%（+1%）
水质级别	4.5级	4.5级	4级
渭河流域人均水量 （占全国平均水平百分比）	15%	17%（+2%）	20%（+5%）
流域内水土流失治理面积 （现状治理：10.36万平方千米）	80%	88%（+8%）	90%（+10%）
水土流失强度	中度（=3）	中度（=3）	偏轻（=2）
自然景观占比	20%	30%（+10%）	35%（+15%）
生态安全级别	3.5级	3.0级	2.5级
您家愿意为此付费（每年）	0	100元	200元
请选择其中的一项	☐	☐	☐

水质级别：

2级水：较清洁，经常规净化处理可成为饮用水；

3级水：适用于集中式生活饮用水、一般鱼类保护区及游泳区；

4级水：工业用水、农业用水，不可饮用、游泳，无鱼类等；

5级水：不可灌溉、不可饮用。

生态安全级别：

1级：安全状态，生态环境未受到干扰破坏，基本没有生态问题，生态灾害少。

2级：较安全状态，生态环境较少破坏，生态问题不严重，生态灾害不大。

3级：预警状态，生态环境受到一定破坏，生态问题显现，生态灾害时有发生。

4级：中度预警状态，生态环境受到较大破坏，退化较严重，生态灾害较多。

3. 10 年后生态环境变化和选择

- SET ID 3

评估指标	现状	方案 1	方案 2
林地覆盖比率	30%	33%（+3%）	30%
水质级别	4.5 级	3.5 级	3 级
渭河流域人均水量 （占全国平均水平百分比）	15%	17%（+2%）	20%（+5%）
流域内水土流失治理面积 （现状治理：10.36 万平方千米）	80%	88%（+8%）	90%（+10%）
水土流失强度	中度（=3）	轻度（=1）	中度（=3）
自然景观占比	20%	20%	35%（+15%）
生态安全级别	3.5 级	2.5 级	2.0 级
您家愿意为此付费（每年）	0	200 元	400 元
请选择其中的一项	☐	☐	☐

水质级别：

2 级水：较清洁，经常规净化处理可成为饮用水；

3 级水：适用于集中式生活饮用水、一般鱼类保护区及游泳区；

4 级水：工业用水、农业用水，不可饮用、游泳，无鱼类等；

5 级水：不可灌溉、不可饮用。

生态安全级别：

1 级：安全状态，生态环境未受到干扰破坏，基本没有生态问题，生态灾害少。

2 级：较安全状态，生态环境较少破坏，生态问题不严重，生态灾害不大。

3 级：预警状态，生态环境受到一定破坏，生态问题显现，生态灾害时有发生。

4 级：中度预警状态，生态环境受到较大破坏，退化较严重，生态灾害较多。

（每年最多愿意付出：_____元）

三、以下内容为匿名和保密

被调查者基本情况

1. 性别：_____。

   1 = 男　0 = 女

2. 年龄：_____岁。

3. 教育程度：_____。

   1 = 小学及以下　2 = 初中　3 = 高中/中专　4 = 大专　5 = 本科及以上

   6 = 其他培训类（说明）_____

4. 户主职业：_____。

   1 = 农民　2 = 工人　3 = 机关单位　4 = 商人　5 = 学生

   6 = 打工　7 = 无　8 = 其他_____

5. 您家总人口：_____人。打工_____，上班_____，务农_____，

   抚养/赡养_____，经商_____。

6. 您在此处已经居住多少年了：_____年。

7. 您家是否有村干部或公务员_____。

   1 = 是　0 = 否

8. 全家毛收入的主要来源（2012 年）：

   工资：_____元　　　　　　　种植业收入：_____元

   做生意：_____元　　　　　　打工：_____元

   转移性收入（地补和养老补贴等）：_____元　　　其他（例如转租收

   入）：_____元。

9. 2012 年，您家农业生产类型与收入：

   种植，小麦：_____亩_____元　　玉米：_____亩_____元；

   苗木：_____亩_____元　苹果：_____亩_____元；

   猕猴桃：_____亩_____元　其他：_____亩_____元。

   养殖，鸡，现有_____只，卖了_____元；牛，现有_____头，

   卖了_____元；羊，现有_____只，卖了_____元；其他_____，现有

   _____只，卖了_____元。

其他类型：_____。

10. 农业生产成本（2012 年）（有其他项可在后面补充）

项目	投入金额（元）	项目	投入金额（元）
种子/木苗		幼崽	
化肥（有机、无机）		饲料（购买，元）	
农药		饲料（生产，亩）	
灌溉		疫苗	
农机（年；机；费）		雇人	
租机器		其他（土地承包等）	

四、关于耕地退化的调查问卷

耕地退化：雨水冲刷导致的土壤流失、肥力流失；砍树和破坏草地导致土壤表层裸露，导致土壤被曝晒、风刮、雨淋；化肥用得过多，农家肥太少导致的土壤板结等。

缓解耕地退化的保护行为包括：修建梯田；多施有机肥；对农田水利设施进行完善；农田和农田周围种树种草；免耕少耕和定期深耕；配方施肥；秸秆还田技术；水土保持覆盖技术等。

以下问题请用 1～5 的数字来表示您同意的程度，程度依次增强。

数字	1	2	3	4	5
同意程度	0%～20%	20%～40%	40%～60%	60%～80%	80%～100%
含义	不同意	有点不同意	一般同意	同意	非常同意

大类	问题	1	2	3	4	5
知识认同感	耕地退化会降低土壤肥力，造成耕地质量下降	1	2	3	4	5
	耕地退化会污染河流，使水质变差，堵塞河道	1	2	3	4	5
	耕地退化会造成农作物减产，威胁粮食安全	1	2	3	4	5

大类	问题	1	2	3	4	5
效益 认同感	耕地保护能够提高土壤肥力，从而提高产量	1	2	3	4	5
	耕地保护能够提高家庭的种地收入	1	2	3	4	5
	耕地保护能够保障国家粮食安全	1	2	3	4	5
	耕地保护能够保持耕地持久耕种	1	2	3	4	5
	耕地保护能够保护环境，保障生态安全	1	2	3	4	5
判断	我认为农户有防止耕地退化的责任和义务	1	2	3	4	5
	砍树和破坏植被是导致耕地退化的主要原因	1	2	3	4	5
	盲目使用无机化肥和农药是造成耕地退化的主要原因	1	2	3	4	5
	我们村很多农户的种地行为会引起耕地退化	1	2	3	4	5
对现状 的认识	我们村的耕地存在土地退化现象	1	2	3	4	5
	我们村的耕地存在因耕地退化造成水土流失的现象	1	2	3	4	5
	我们村耕地退化造成了环境破坏（如风沙、泥泞）	1	2	3	4	5
	我家的耕地存在耕地退化现象，造成了庄稼减产	1	2	3	4	5
有意识 的行动	为了防止耕地退化，我在耕地周边植树种草	1	2	3	4	5
	为了防止耕地退化，我采用了耕地保护措施	1	2	3	4	5
	我非常关注我们家耕地质量的变化	1	2	3	4	5
障碍	耕地保护能够为子孙后代留下耕地，保障农业生产	1	2	3	4	5
	我知道找哪些人能够学到关于耕地保护的知识	1	2	3	4	5
	我家现在的耕地以后不一定是我家的，没有必要保护	1	2	3	4	5
	我家的耕地太少，没有必要进行保护	1	2	3	4	5
	我周围的村民没有对耕地进行保护，我受他们的影响	1	2	3	4	5
意愿	我愿意接受关于防止耕地退化的免费宣传、免费培训	1	2	3	4	5
	我愿意为防止耕地退化出资出力	1	2	3	4	5
	我赞成使用保护耕地质量的耕种技术	1	2	3	4	5

续表

大类	问题	1	2	3	4	5
行为	我采取了很多保护耕地质量的措施	1	2	3	4	5
	我花了很多钱和精力防止耕地退化	1	2	3	4	5
	我通过咨询他人，学习新知识来防止耕地退化	1	2	3	4	5
	我经常劝说或鼓励邻里乡亲采取保护性耕作措施	1	2	3	4	5
其他	我掌握了防止耕地退化的相关知识	1	2	3	4	5
	保护耕地质量能够获得政府的奖励等好处	1	2	3	4	5
	我对耕地撂荒等破坏耕地质量的行为感到难以容忍	1	2	3	4	5
	我认为仅种地就能够保障我家现有的生活条件	1	2	3	4	5
	我在施肥、打农药时会考虑对耕地、环境造成的影响	1	2	3	4	5

五、耕地与灌溉情况

1. 种植的耕地共_____亩。自有_____亩，租入_____亩，租出_____亩，种植的耕地分为_____块，每一块各为_____亩、_____亩、_____亩、_____亩、_____亩、_____亩。

	灌溉方式	灌溉水源	灌溉次数（次/年）	收费方式	灌溉水量（方/年）
耕地					
林地					

灌溉方式：传统灌溉：0＝不灌溉；1＝漫灌；2＝畦灌；

节水灌溉：3＝棋盘格灌溉；4＝渗灌（地下灌溉）；5＝喷灌；

6＝滴灌；7＝其他。

灌溉水源：0＝渠道（渭河水灌溉）；1＝井水（地下水灌溉）

收费方式：1＝流量收费；2＝时间收费；3＝面积收费；4＝用电度数收费；5＝其他（注明）。

2. 灌溉水价折算为_____元/立方。

3. 若您采用了节水灌溉，您的节水灌溉成本为_____元；
   若您未采用节水灌溉，您是否愿意采用补助性节水灌溉？_____1 = 愿意；0 = 不愿意。